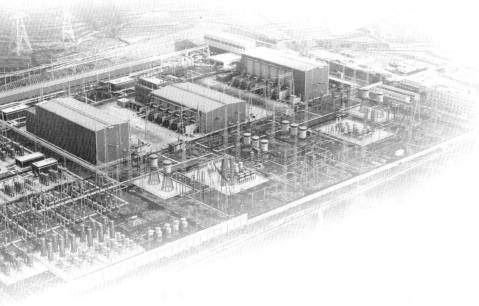

模块化变电站
工艺设计图册

浙江华云电力工程设计咨询有限公司　组编

中国电力出版社
CHINA ELECTRIC POWER PRESS

内 容 提 要

为提高智能变电站模块化建设标准化程度，本书对 110～220kV 变电站土建施工中的常用构件模块进行归类梳理。全书共 14 章，内容包括概述，站区围墙、大门及道路，站区沟道，配电装置楼、警传室建筑，配电装置楼、警传室结构，配电装置楼埋件、沟道布置件，主变压器油坑、基础及防火墙，避雷针，构支架和接地井，站区给排水装置，喷淋装置，消防水池、泵房，事故油池，暖通设备。本书构件采用编码形式进行编排，每个构件均给出了轴测图、平面图、正立面图、侧立面图及详细图纸，方便读者检索引用。

本书内容简洁、图片详尽、分类明确，可供 110～220kV 变电站工程设计、施工、监理、构件制造厂家以及工程建设验收、管理单位相关人员在电网工程建设过程中参考使用。

图书在版编目（CIP）数据

模块化变电站工艺设计图册/浙江华云电力工程设计咨询有限公司组编 . —北京：中国电力出版社，2021.2

ISBN 978-7-5198-5281-8

Ⅰ.①模… Ⅱ.①浙… Ⅲ.①变电所—设计—电集 Ⅳ.①TM63-64

中国版本图书馆 CIP 数据核字（2021）第 018825 号

出版发行：中国电力出版社

地　　址：北京市东城区北京站西街 19 号（邮政编码 100005）

网　　址：http：//www.cepp.sgcc.com.cn

责任编辑：崔素媛（010-63412392）

责任校对：黄　蓓　王小鹏

装帧设计：郝晓燕

责任印制：杨晓东

印　　刷：北京雁林吉兆印刷有限公司

版　　次：2021 年 2 月第一版

印　　次：2021 年 2 月北京第一次印刷

开　　本：787 毫米×1092 毫米　16 开本

印　　张：10.75

字　　数：227 千字

定　　价：55.00 元

编　委　会

主　任　张　浩　张永明

副主任　杜振东　陈小富　李　杰　徐建斌　李志强

　　　　孙　可　方　鹏

委　员　方　瑜　俞辰颖　蔡志雄　高亚栋　黄忠华

　　　　陈雪宏　陆雪莲　王　昕　方　里　戚奇峰

　　　　徐世泽　杨　杰　刘丰文　周小英　王克锋

　　　　张盈哲　郑枫婷

编　写　组

主　编　张　浩

副主编　杜振东　方　瑜　吴祖咸

参　编　俞辰颖　高亚栋　胡宇鹏　金国胜　尹　康

　　　　屠　锋　童斐斐　周　盈　黄昕颖　陈　贝

　　　　于　明　金泽宁　余守赟　何凯军　王守禧

　　　　朱柯力　黄若函　吴秀刚　盛学庆　金　权

　　　　沙　磊　姚　炜　张　振　李　丽　马超赛

　　　　宋　晔　寿之奇　张　卉

前　　言

根据国务院办公厅《关于大力发展装配式建筑的指导意见》（国办发〔2016〕71号）、住房城乡建设部《"十三五"装配式建筑行动方案》（建科〔2017〕77号）等文件精神，以及国家电网有限公司（以下简称"国家电网公司"）"标准化设计、工厂化加工、机械化施工、模块化建设"工作要求，推动装配式变电站标准化建设工作，进一步提高设计效率，缩短施工周期，促进电网工程建设质量提升，国网浙江省电力有限公司（以下简称"国网浙江电力"）于2019年启动基建管理提升与技术创新攻坚三年行动。

本图册的编制主要为落实国家电网公司基建部关于智能变电站模块化建设的工作要求，以变电站全方位装配为方向，以模块化建设为基础，以工厂化加工为保障，通过成立组织机构、工程试点应用、深化模块化设计，协调工程建设中设计、加工、施工、装配各环节，提升标准化、通用化水平，形成规模效应，降低建设成本，提升工程建设质量、效率和效益，实现"集成化设计、工业化生产、装配化施工、一体化装修"的目标，满足电网高质量发展的需要。

本图册对变电站建设过程中的常用构件进行了系统的总结和归类，并在《国家电网公司输变电工程工艺标准库》的基础上，结合国网浙江电力所属11家地市公司的地域特点，对工艺进行了针对性的优化。在本图册编制的同时，作者根据国家电网公司三维设计相关文件的要求，采用三维设计软件对图册相关工艺内容重新进行了绘制，并形成了相应的构件库。

本书由浙江华云电力工程设计咨询有限公司组织编写，在编写过程中得到了国网浙江省电力有限公司建设部和国网浙江电力所属11家地市公司设计院以及浙江省送变电工程有限公司的大力支持，并在建设过程中得到了有效的应用。

限于编者技术及经验水平，本书内容如有不妥之处，恳请广大读者批评指正！

作者
2021 年 1 月

目　录

第1章 概　　述

1.1　编制背景

根据国家电网公司"标准化设计、工厂化加工、机械化施工、模块化建设"工作要求，装配式钢框架结构建筑在全国变电站的建设中得到了大量的应用。站内主要建筑结构形式的变更对建设管理、设计、施工单位以及其他参建单位都是一种挑战。钢结构形式虽然在民用建筑领域得到了广泛的应用，但是在变电站建设中还处于探索阶段，变电站建筑的使用功能决定了不能完全复制民用建筑领域的技术及建设经验。为了进一步提高装配式建筑在国网浙江电力变电站建设中的应用效率以及应用质量，在国网浙江省电力有限公司建设部的牵头下，浙江华云电力工程设计咨询有限公司、浙江公司所属地市公司设计院、国网浙江省送变电工程有限公司对浙江省范围内采用钢结构建筑的变电站项目进行了梳理，以提高建设效率、提升工艺质量为抓手，对数十个变电站的建设进行了分类、归并、总结，对工程中的常用节点、装配式构件的方案和工艺进行了统一，形成本图册，希望为后续工程的设计、施工以及建管提供参考依据。

1.2　使用说明

本图册提供变电站内构件的模型轴测图、模型平面图、模型正立面图、模型侧立面图和详细图纸，未涉及的做法可选用各自国标图集中相关做法，尚应按照国家颁布的有关规范和规程的规定执行。

各部位的做法均应符合我国现行各项施工操作规程及施工质量验收规范的有关规定。

1. 编制依据

GB 50352—2019《民用建筑设计统一标准》

GB/T 50001—2017《房屋建筑制图统一标准》

GB/T 50104—2010《建筑制图标准》

其他相关现行国家标准、规程规范。

2．适用范围

本图册适合用于非抗震及抗震设防烈度不大于8度地区的变电站土建工程。

本图册可供设计、施工、监理、构件制造厂家及工程验收单位相关人员使用。

本图册中结构相关部分仅适用于一类、二 a 类、二 b 类环境及基本雪压≤0.4kN/m²、基本风压≤0.45kN/m²的地区，其他环境及地区应按国家相关规范要求采取相应构造措施及进行受力验算。

当用于湿陷性黄土、膨胀性土地区，冻土、液化土、软弱土及有腐蚀环境等特殊环境地区时，应执行有关规程规范的规定或专门研究处理。

3．材料要求

除图中有特别规定外、其他未注明的材料应该满足下列要求。

水泥：未注明的均采用普通硅酸盐水泥，强度等级≥42.5，质量要求符合 GB 175—2007《通用硅酸盐水泥》的要求。粗骨料采用碎石或卵石，当混凝土强度≥C30 时，含泥量≤1%；当混凝土强度＜C30 时，含泥量≤2%。细骨料应采用中砂，当混凝土强度≥C30 时，含泥量≤3%；当混凝土强度＜C30 时，含泥量≤5%；其他质量要求符合现行 JGJ 52—2006《普通混凝土用砂、石质量及检验方法标准》。混凝土宜采用饮用水拌和，当采用其他水源时，水质应达到现行 JGJ 63—2006《混凝土用水标准》的规定。

钢板：钢板及型钢选用 Q235-B 级。除锈等级 St2.5，热镀锌防腐。连接件采用热镀锌防腐，也可采用不锈钢材质。埋件锚筋可不需热镀锌防腐，埋件热镀锌防腐。

焊条：型号为 E43XX。

焊接应符合 GB 50205—2020《钢结构工程施工质量验收标准》的相关规定。所有焊接要求满焊，焊缝不应有裂缝、过烧现象，并应打平磨光。图中未注明的角焊缝的焊脚尺寸高度应按被焊件的最小厚度选用。

4．查阅方法

为方便使用，本图册对收录的所有图纸进行编码，使用时可结合浙江公司通用设计方案进行快速查找。

本图册应用范围涵盖 220-A3-1 方案、220-A2-2 方案、110-A2-4 方案、110-A3-3 方案，均为国网浙江电力目前常用方案。

本图册将站内工艺节点分为 13 个大类，分别是：①站区围墙、大门及道路；②站区沟道；③配电装置楼、警传室建筑；④配电装置楼、警传室结构；⑤配电装置楼埋件、沟道布置件；⑥主变压器油坑、基础及防火墙；⑦避雷针；⑧构支架和接地井；⑨站区给排水装置；⑩喷淋装置；⑪消防水池、泵房；⑫事故油池；⑬暖通设备，见表 1-1。构件编号项目类别区位图如图 1-1 所示，图中项目类别见表 1-1。

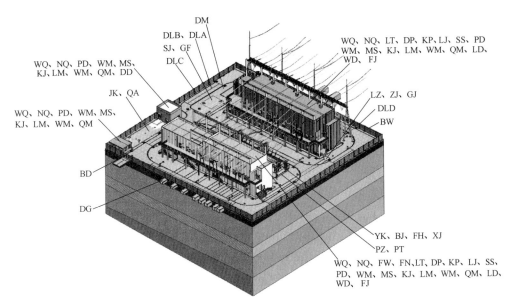

图 1-1　构件编号项目类别区位图

表 1-1 　　　　　　　　　　**构件分类和项目类别总表**

序号	构件类别	项目类别名称	项目类别缩写	序号	构件类别	项目类别名称	项目类别缩写
1	站区围墙、大门及道路	围墙	BW	4	配电装置楼、警传室结构	屋面	WM
		大门	BD			墙面	QM
		道路	DL	5	配电装置楼埋件、沟道布置件	楼地面	LD
		基础	JC			屋顶	WD
		地坪	DM	6	主变压器、油坑基础及防火墙	油坑	YK
2	站区沟道	电缆沟	DG			主变基础	BJ
		电气箱体基础	XJ			主变防火墙	FH
3	配电装置楼、警传室建筑	普通外墙	WQ			电气箱体基础	XJ
		普通内墙	NQ	7	避雷针	避雷针	LZ
		防火外墙	FW	8	构支架和接地井	支架（构支架）	ZJ
		防火内墙	FN			接地小井	JJ
		楼梯	LT			构架	GJ
		吊装平台	DP	9	站区给排水装置	井池	SJ
		空调平台	KP	10	喷淋装置	支架（喷淋）	PZ
		勒脚	LJ			喷头	PT
		散水	SS	11	消防水池、泵房	吊车轨道	DD
		坡道	PD			检修孔	JK
		屋面	WM			通气管	QK
4	配电装置楼、警传室结构	基础	MS	12	事故油池	钢附件	GF
		框架	KJ	13	暖通设备	风机	FJ
		楼面	LM				

具体工程中可采用直接引用方式，引用构件编号图例如下：

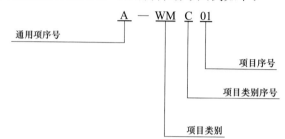

通用项序号：A 表示 220-A3-1 方案、220-A2-2 方案、110-A2-4 方案、110-A3-3 方案引用；B 表示 220-A3-1 方案、220-A2-2 方案引用。

项目类别：表 1-1 中介绍了各项类别的缩写，方便使用时查阅。

项目类别序号：同一项目中内容按英文字母排序。如：图例中 C 代表项目类别中的第三项。

项目序号：项目类别中不同的做法，以两位阿拉伯数字排序。如图例中 01 代表第一种做法。

第2章　站区围墙、大门及道路

2.1　围墙

A-BWA01 实体式围墙

名称	实体式围墙	构件编号	A-BWA01	模型说明	实体式围墙

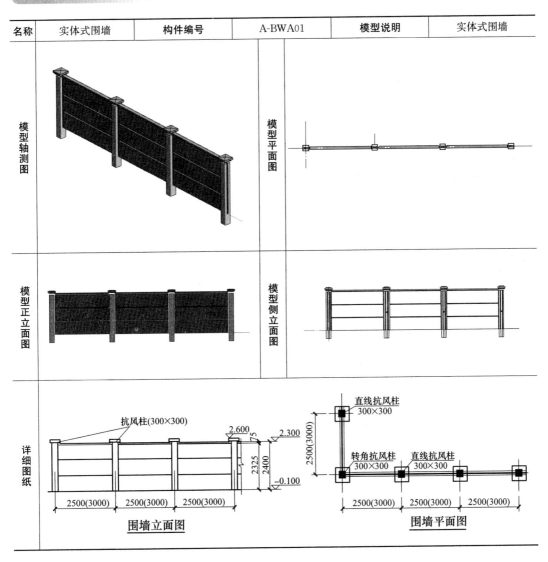

围墙立面图　　　　　　　　　　　　　　围墙平面图

A-BWB01 通透式围墙

名称	通透式围墙	构件编号	A-BWB01	模型说明	通透式围墙

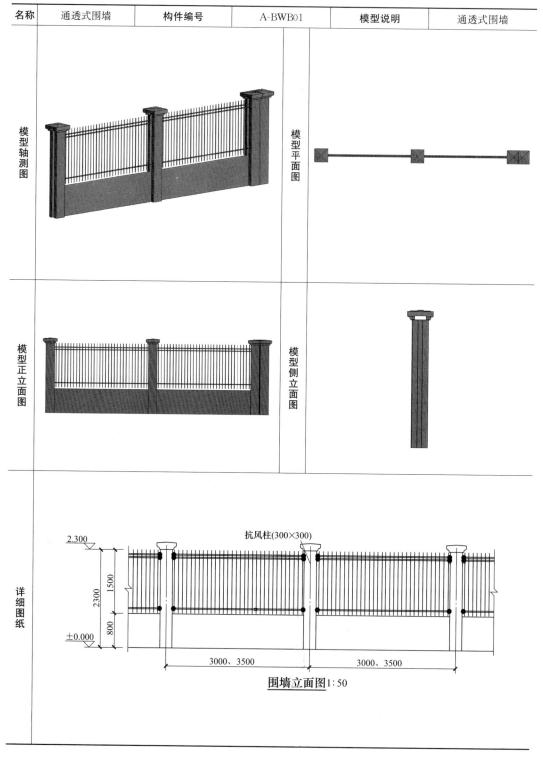

围墙立面图 1:50

A-BWC01 围墙抗风柱

名称	围墙抗风柱	构件编号	A-BWC01	模型说明	围墙抗风柱

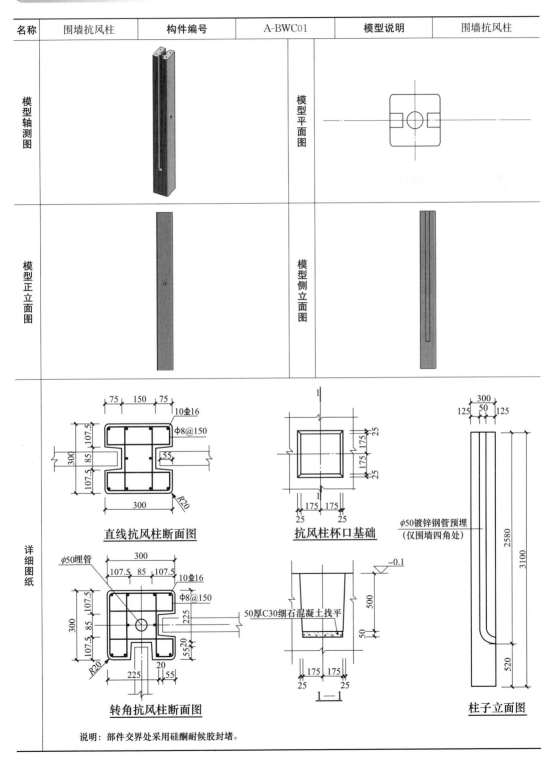

说明：部件交界处采用硅酮耐候胶封堵。

A-BWD01 围墙钢筋混凝土预制墙板

名称	围墙钢筋混凝土预制墙板	构件编号	A-BWD01	模型说明	围墙钢筋混凝土预制墙板

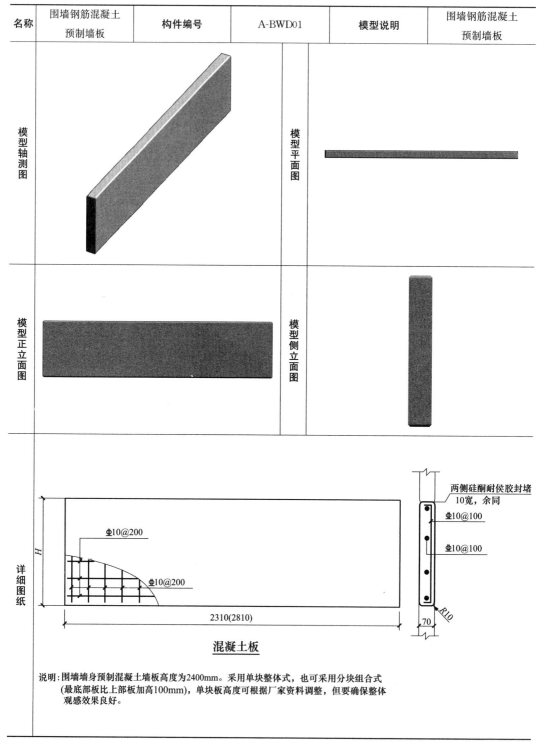

混凝土板

说明:围墙墙身预制混凝土墙板高度为2400mm。采用单块整体式,也可采用分块组合式
(最底部板比上部板加高100mm),单块板高度可根据厂家资料调整,但要确保整体
观感效果良好。

A-BWE01 围墙钢筋混凝土预制压顶及连接

名称	围墙钢筋混凝土预制压顶及连接	构件编号	A-BWE01	模型说明	围墙钢筋混凝土预制压顶及连接

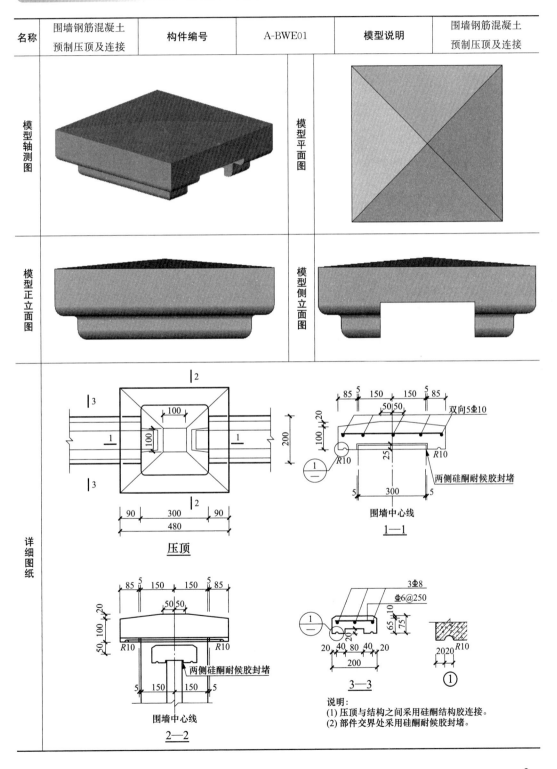

模型轴测图	模型平面图
模型正立面图	模型侧立面图
详细图纸	压顶 1—1 2—2 3—3 ① 围墙中心线 双向5⸹10 两侧硅酮耐候胶封堵 3⸹8 ⸹6@250

说明:
(1) 压顶与结构之间采用硅酮结构胶连接。
(2) 部件交界处采用硅酮耐候胶封堵。

A-BWF01 围墙抗风柱基础

名称	围墙抗风柱基础	构件编号	A-BWF01	模型说明	围墙抗风柱基础

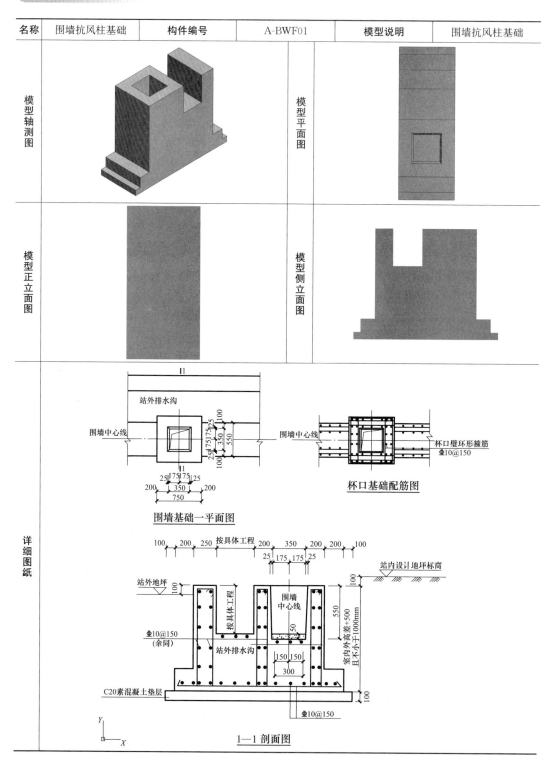

模型轴测图		模型平面图	
模型正立面图		模型侧立面图	
详细图纸			

围墙基础—平面图

杯口基础配筋图

1—1 剖面图

A-BWG01 围墙基础

名称	围墙基础	构件编号	A-BWG01	模型说明	围墙基础

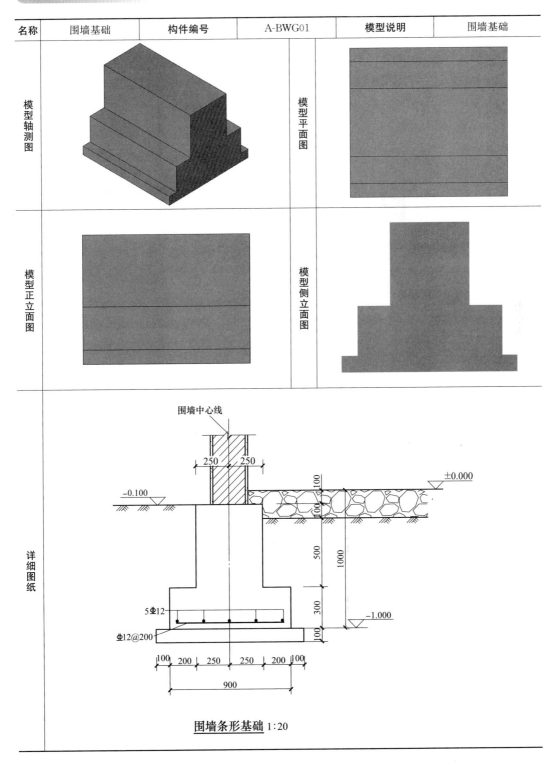

围墙条形基础 1:20

A-BWG02 伸缩缝

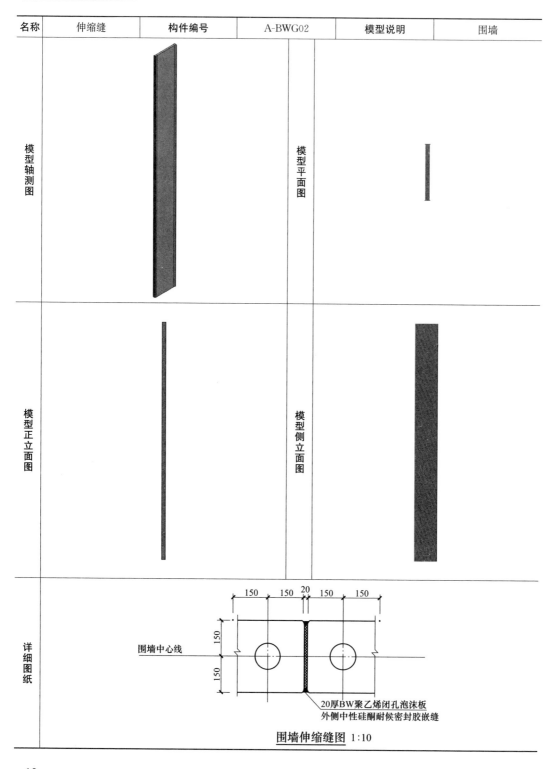

名称	伸缩缝	构件编号	A-BWG02	模型说明	围墙
模型轴测图			模型平面图		
模型正立面图			模型侧立面图		
详细图纸					

围墙中心线

150 150 20 150 150

150

150

20厚BW聚乙烯闭孔泡沫板
外侧中性硅酮耐候密封胶嵌缝

围墙伸缩缝图 1:10

2.2 大门

A-BDA01 平开门

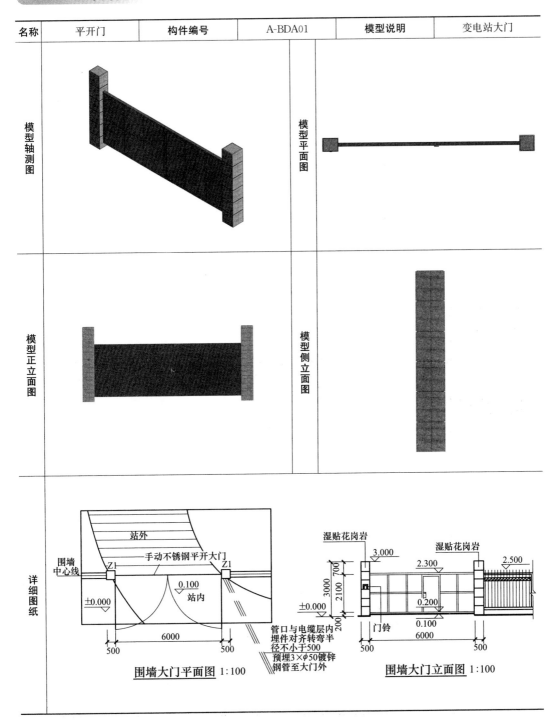

名称	平开门	构件编号	A-BDA01	模型说明	变电站大门

A-BDB01 电动推拉门

名称	电动推拉门	构件编号	A-BDB01	模型说明	变电站大门

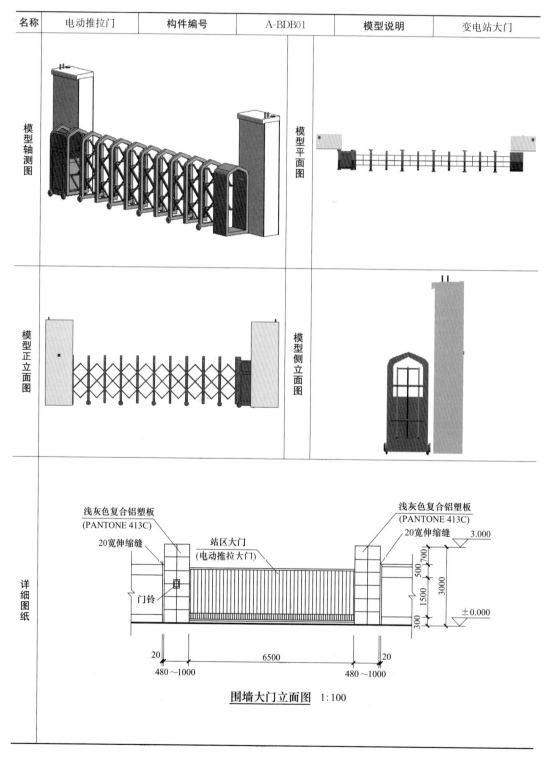

围墙大门立面图 1:100

名称	电动推拉门	构件编号	A-BDB01	模型说明	变电站大门

详细图纸

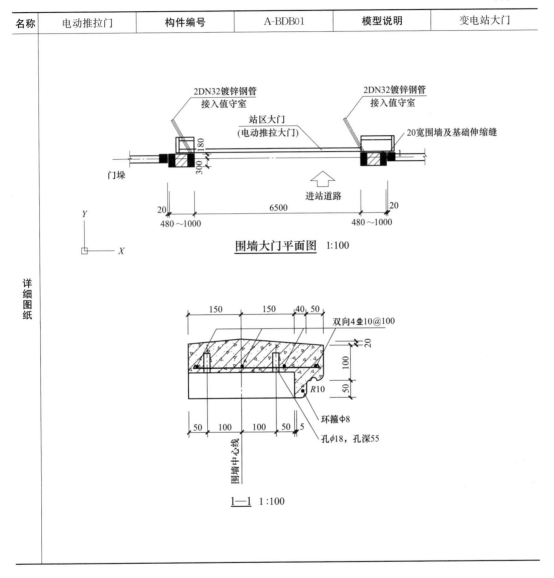

2DN32镀锌钢管
接入值守室

2DN32镀锌钢管
接入值守室

站区大门
（电动推拉大门）

20宽围墙及基础伸缩缝

门垛

进站道路

20　6500　20

480~1000　480~1000

围墙大门平面图　1:100

150　150　40　50

双向4⌀10@100

20

100

50

R10

环箍φ8

孔φ18，孔深55

50　100　100　50　5

围墙中心线

1—1　1:100

A-BDC01 门柱

名称	门柱	构件编号	A-BDC01	模型说明	变电站大门

模型轴测图

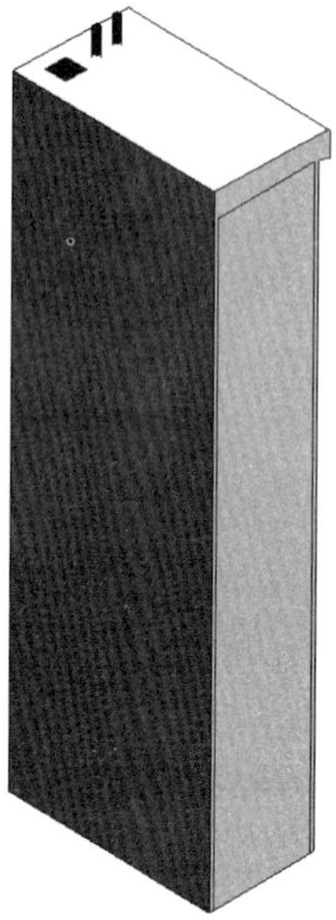

模型平面图

模型正立面图

模型侧立面图

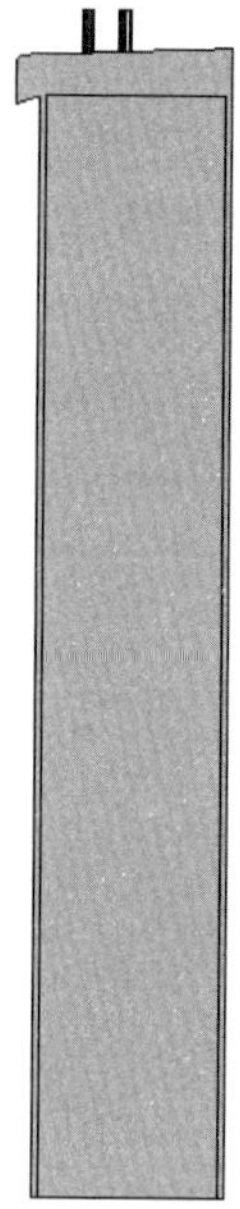

续表

名称	门柱	构件编号	A-BDB01	模型说明	变电站大门

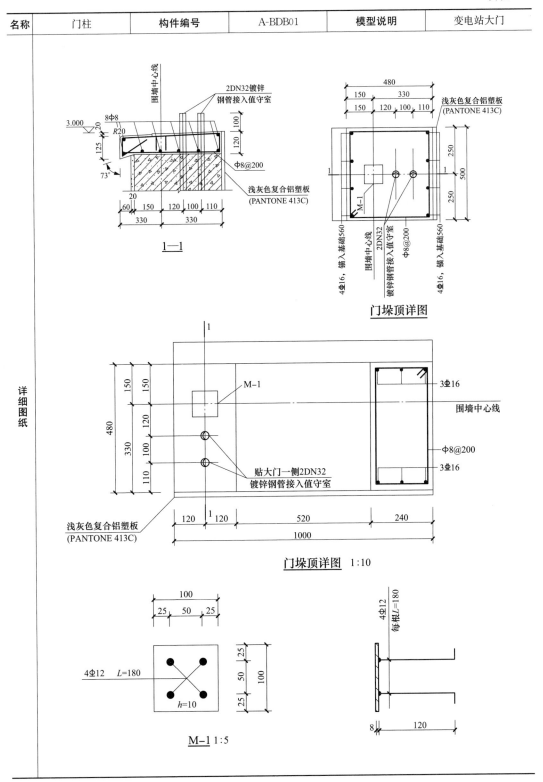

门垛顶详图

门垛顶详图 1:10

M-1 1:5

2.3　道路

A-DLA01 沥青路面

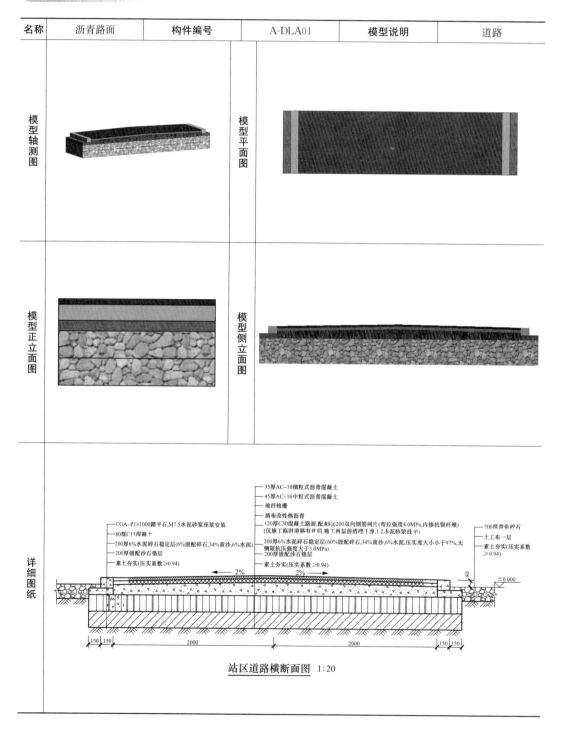

名称	沥青路面	构件编号	A-DLA01	模型说明	道路

站区道路横断面图　1:20

A-DLB01 混凝土路面

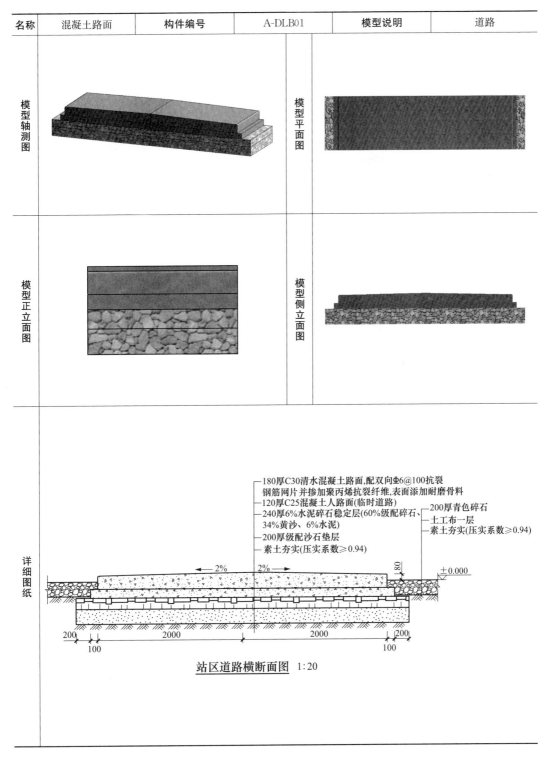

名称	混凝土路面	构件编号	A-DLB01	模型说明	道路

站区道路横断面图 1:20

A-DLC01 路缘石

名称	路缘石	构件编号	A-DLC01	模型说明	道路

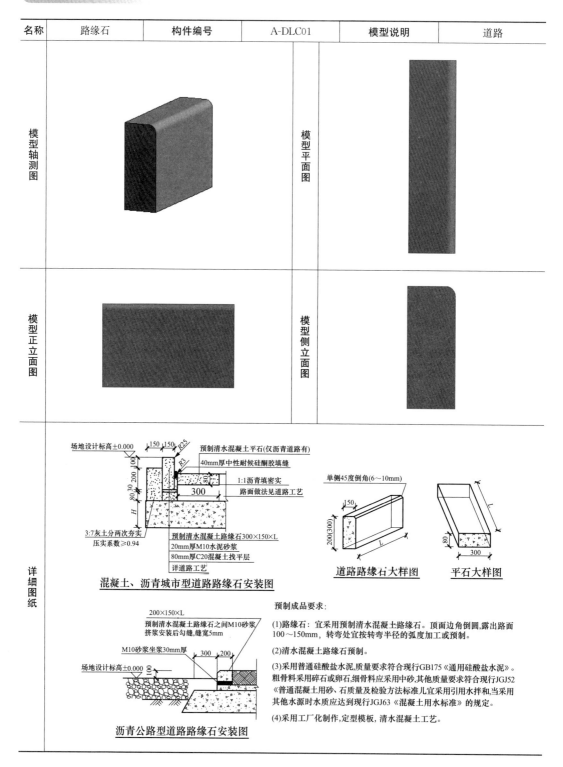

| 模型轴测图 | | 模型平面图 | |
| 模型正立面图 | | 模型侧立面图 | |

详细图纸

场地设计标高±0.000
150 150
预制清水混凝土平石(仅沥青道路有)
40mm厚中性耐候硅酮胶填缝
1:1沥青填密实
路面做法见道路工艺
300
3:7灰土分两次夯实
压实系数≥0.94
预制清水混凝土路缘石300×150×L
20mm厚M10水泥砂浆
80mm厚C20混凝土找平层
详道路工艺

混凝土、沥青城市型道路路缘石安装图

单侧45度倒角(6～10mm)
150
200(300)
道路路缘石大样图

L
80
300
平石大样图

200×150×L
预制清水混凝土路缘石之间M10砂浆
挤浆安装后勾缝,缝宽5mm
M10砂浆坐浆30mm厚
300 200
场地设计标高±0.000

沥青公路型道路路缘石安装图

预制成品要求:

(1)路缘石:宜采用预制清水混凝土路缘石。顶面边角倒圆,露出路面100～150mm,转弯处按转弯半径的弧度加工或预制。

(2)清水混凝土路缘石预制。

(3)采用普通硅酸盐水泥,质量要求符合现行GB175《通用硅酸盐水泥》。粗骨料采用碎石或卵石,细骨料应采用中砂,其他质量要求符合现行JGJ52《普通混凝土用砂、石质量及检验方法标准》宜采用引用水拌和,当采用其他水源时水质应达到现行JGJ63《混凝土用水标准》的规定。

(4)采用工厂化制作,定型模板,清水混凝土工艺。

A-DLD01 操作小道

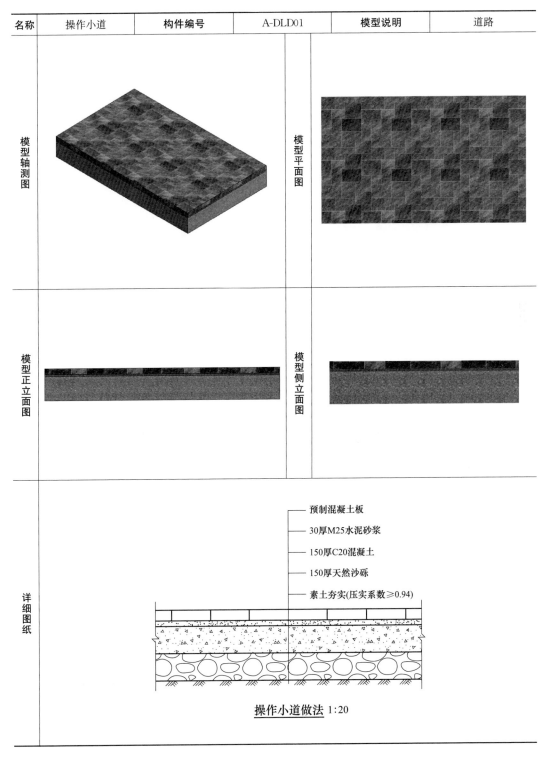

名称	操作小道	构件编号	A-DLD01	模型说明	道路

模型轴测图

模型平面图

模型正立面图

模型侧立面图

详细图纸

预制混凝土板

30厚M25水泥砂浆

150厚C20混凝土

150厚天然沙砾

素土夯实(压实系数≥0.94)

操作小道做法 1:20

A-DLE01 防撞墩

名称	防撞墩	构件编号	A-DLE01	模型说明	道路

模型轴测图		模型平面图	
模型正立面图		模型侧立面图	

续表

名称	防撞墩	构件编号	A-DLE01	模型说明	道路

详细图纸

防撞墩正立面图

防撞墩侧立面图

防撞墩平面图
花岗岩材质，购成品

防撞墩1—1剖面图

防撞墩2—2剖面图

C20细石混凝土垫层

300(宽)×500(高)×800(长)C30混凝土防撞墩
间距1.5m，表面涂红白相间的反光漆(余同)

150厚C30混凝土(余同)
通长在围墙边线外抹成5%斜面

Φ12@200

6Φ8通长

2%

5Φ12,Φ8@200(余同)

2.4 小型基础

A-JCA01 户外灯具、监控杯口式基础

名称	户外灯具、监控杯口式基础	构件编号	A-JCA01	模型说明	小型基础

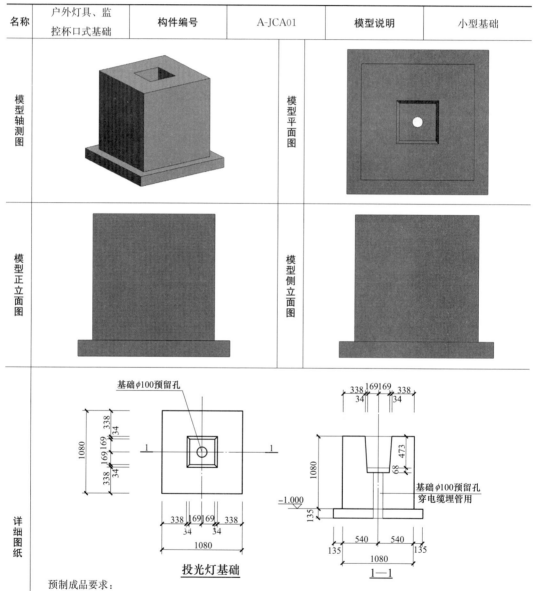

投光灯基础

1—1

预制成品要求：

（1）材料，直采用普通硅酸盐水泥，混凝土强度等级 C30。

（2）预制混凝土基础采用清水混凝土倒圆角工艺，采用定型模板，工厂化制作，先制作样板后施工。

（3）采用定型模板，倒扣法预制混凝土基础、支设混凝土模板时，基础顶面向下。模板内容粘贴 PVC 板，并将压顶上口两个阳角压边长 PVC 圆角倒角，圆角粘贴平直，无缝隙，接缝严密。

（4）混凝土浇筑，严格控制原材料质量及搅拌质量，混凝土振捣密实、振点均匀，不漏振或过振，待混凝土初凝后收面时，对基础倾角处进行人工二次振捣，防止倒角处气泡的产生，混凝土终凝 12h 后开始洒水养护，并用棉毡覆盖，养护不少于 7 天。

A-JCB01 户外灯具、 监控地脚螺栓式基础

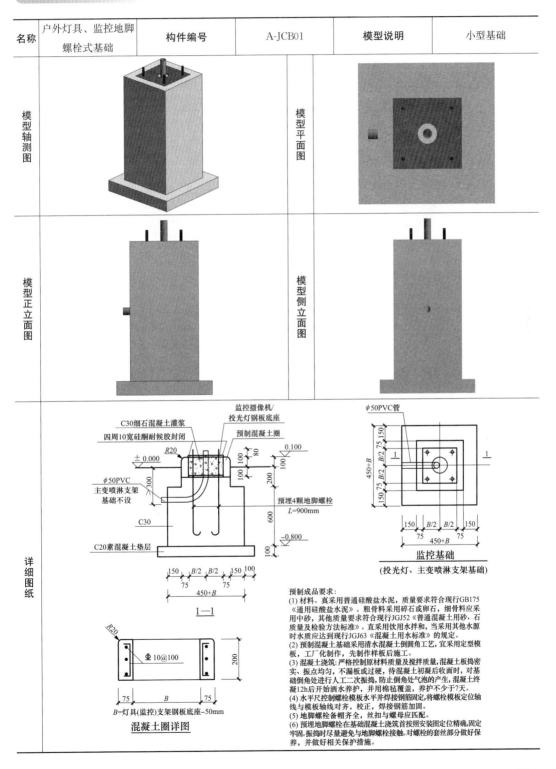

名称	户外灯具、监控地脚螺栓式基础	构件编号	A-JCB01	模型说明	小型基础

预制成品要求:

(1) 材料。真采用普通硅酸盐水泥，质量要求符合现行GB175《通用硅酸盐水泥》。粗骨料采用碎石或卵石，细骨料应采用中砂，其他质量要求符合现行JGJ52《普通混凝土用砂、石质量及检验方法标准》。直采用饮用水拌和，当采用其他水源时水质应达到现行JGJ63《混凝土用水标准》的规定。

(2) 预制混凝土基础采用清水混凝土倒圆角工艺，宜采用定型模板，工厂化制作，先制作样板后施工。

(3) 混凝土浇筑:严格控制原材料质量及搅拌质量，混凝土板捣密实、振点均匀，不漏振或过硬，待混凝土初凝后收面时，对基础倒角处进行人工二次振捣，防止倒角处气泡的产生，混凝土终凝12h后开始洒水养护，并用棉毡覆盖，养护不少于7天。

(4) 水平尺控制螺栓模板水平并焊接钢筋固定，将螺栓模板定位轴线与模板轴线对齐，校正，焊接钢筋加固。

(5) 地脚螺栓备帽齐全，丝扣与螺母应匹配。

(6) 预埋地脚螺栓在基础混凝土浇筑首按照安装图定位精确，固定牢固。振捣时尽量避免与地脚螺栓接触。对螺栓的套丝部分做好保养，并做好相关保护措施。

A-JCC01 运行围栏地桩

名称	运行围栏地桩	构件编号	A-JCC01	模型说明	小型基础

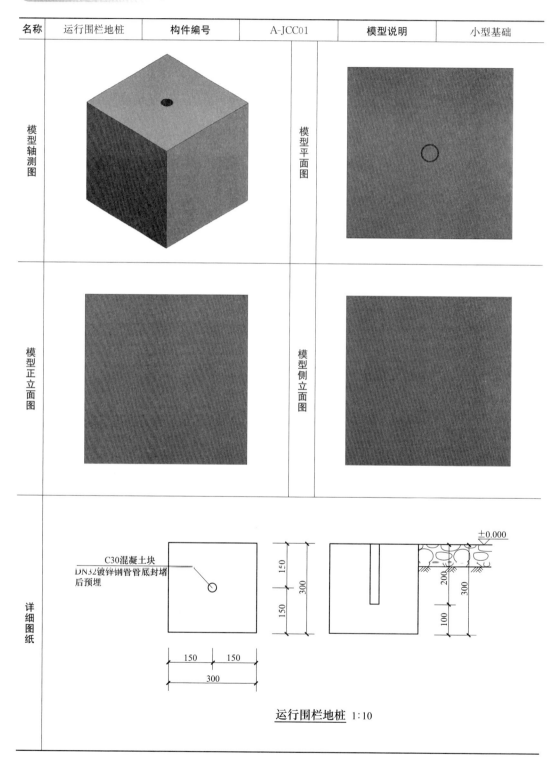

运行围栏地桩 1:10

A-JCD01 场地基准点

名称	场地基准点	构件编号	A-JCD01	模型说明	小型基础

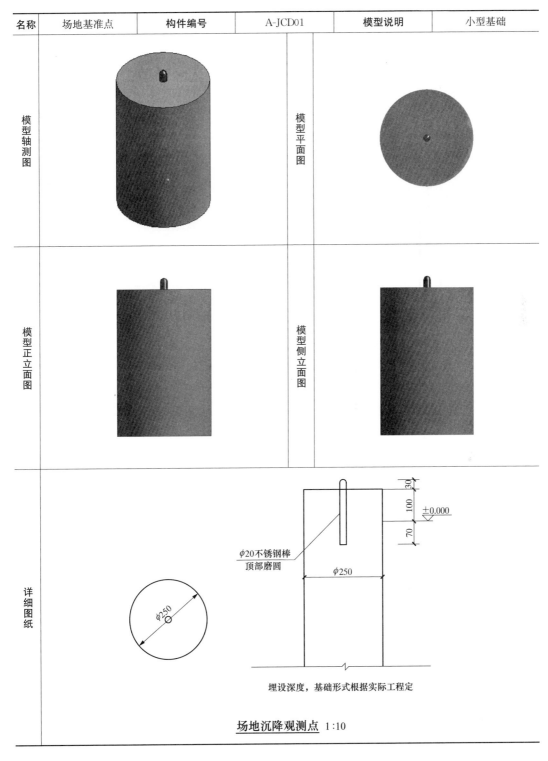

埋设深度, 基础形式根据实际工程定

场地沉降观测点 1:10

2.5 地坪

A-DMA01 碎石地坪

名称	碎石地坪	构件编号	A-DMA01	模型说明	地坪

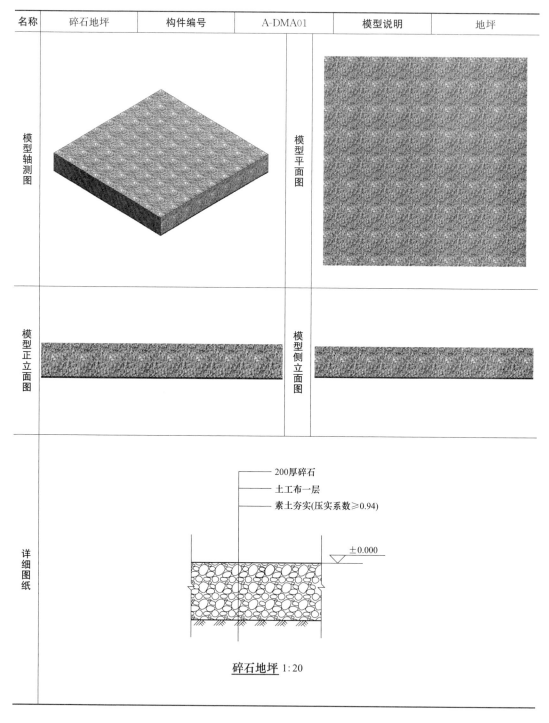

碎石地坪 1:20

A-DMB01 草皮地坪

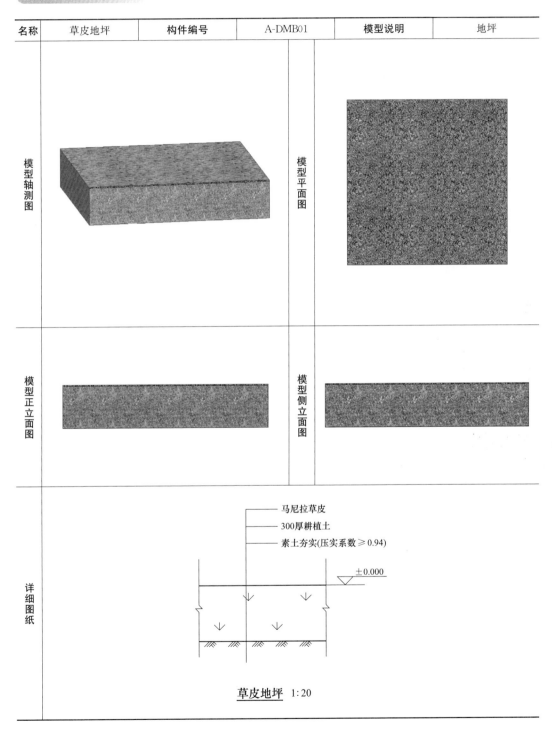

名称	草皮地坪	构件编号	A-DMB01	模型说明	地坪

模型轴测图

模型平面图

模型正立面图

模型侧立面图

详细图纸

马尼拉草皮

300厚耕植土

素土夯实(压实系数≥0.94)

±0.000

草皮地坪　1:20

第3章 站区沟道

3.1 电缆沟

A-DGA01 电缆沟压顶

名称	电缆沟压顶	构件编号	A-DGA01	模型说明	电缆沟

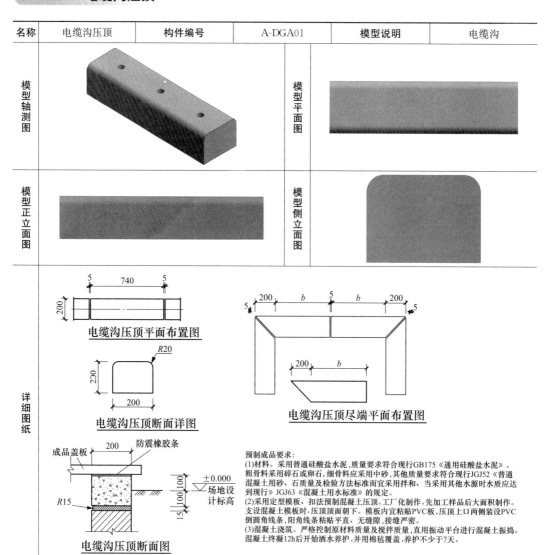

详细图纸

电缆沟压顶平面布置图

电缆沟压顶断面详图

电缆沟压顶尽端平面布置图

电缆沟压顶断面图

预制成品要求：
(1)材料。采用普通硅酸盐水泥,质量要求符合现行GB175《通用硅酸盐水泥》。粗骨料采用碎石或卵石,细骨料应采用中砂,其他质量要求符合现行JGJ52《普通混凝土用砂、石质量及检验方法标准而宜采用拌和、当采用其他水源时水质应达到现行》JGJ63《混凝土用水标准》的规定。
(2)采用定型模板、扣法预制混凝土压顶,工厂化制作,先加工样品后大面积制作。支设混凝土模板时,压顶顶面朝下。模板内宜粘贴PVC板,压顶上口两侧装设PVC倒圆角线条,阳角线条粘贴平直、无缝隙,接缝严密。
(3)混凝土浇筑。严格控制原材料质量及搅拌质量,直用振动平台进行混凝土振捣。混凝土终凝12h后开始洒水养护,并用棉毡覆盖,养护不少于7天。

A-DGB01 电缆沟过水板

名称	电缆沟过水板	构件编号	A-DGB01	模型说明	电缆沟

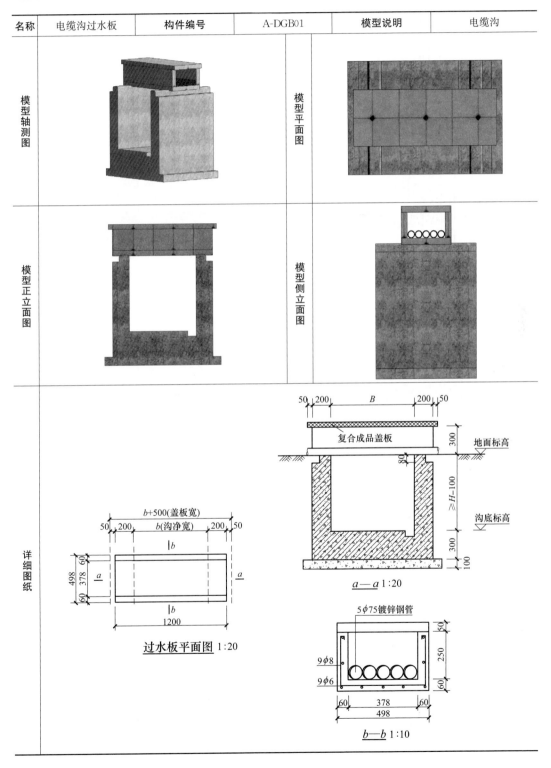

| 模型轴测图 | | 模型平面图 | |
| 模型正立面图 | | 模型侧立面图 | |

复合成品盖板

地面标高

沟底标高

a—a 1:20

b+500(盖板宽)
b(沟净宽)

过水板平面图 1:20

5φ75镀锌钢管
9φ8
9φ6

b—b 1:10

A-DGC01 电缆沟沟底排水管及伸缩缝

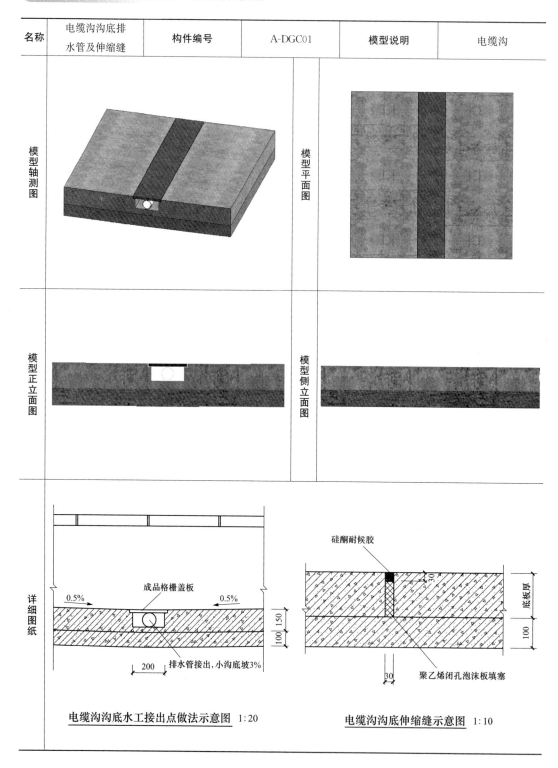

名称	电缆沟沟底排水管及伸缩缝	构件编号	A-DGC01	模型说明	电缆沟

模型轴测图

模型平面图

模型正立面图

模型侧立面图

详细图纸

0.5%　　　成品格栅盖板　　　0.5%

100 150

排水管接出，小沟底坡3%

200

电缆沟沟底水工接出点做法示意图　1:20

硅酮耐候胶

30

底板厚

100

聚乙烯闭孔泡沫板填塞

30

电缆沟沟底伸缩缝示意图　1:10

3.2　小型电气箱体基础

A-XJA01 端子箱

名称	端子箱	构件编号	A-XJA01	模型说明	小型电气箱体基础

模型轴测图

模型平面图

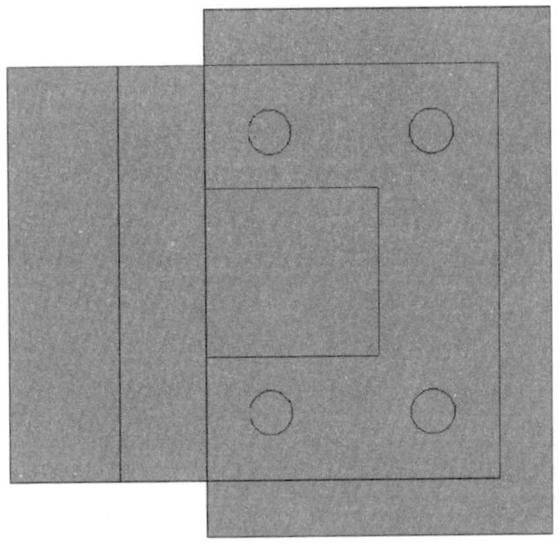

模型正立面图

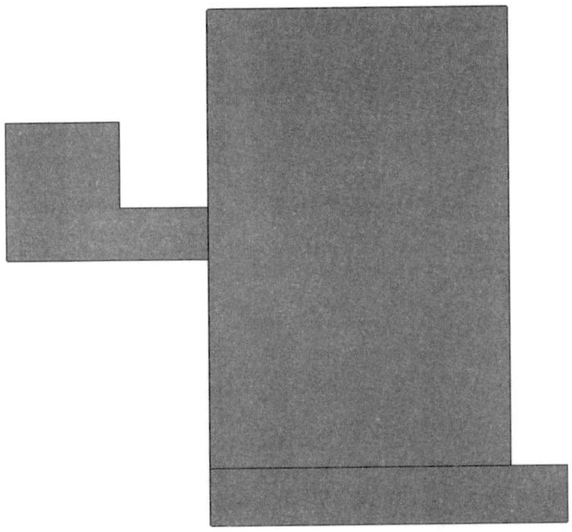

模型侧立面图

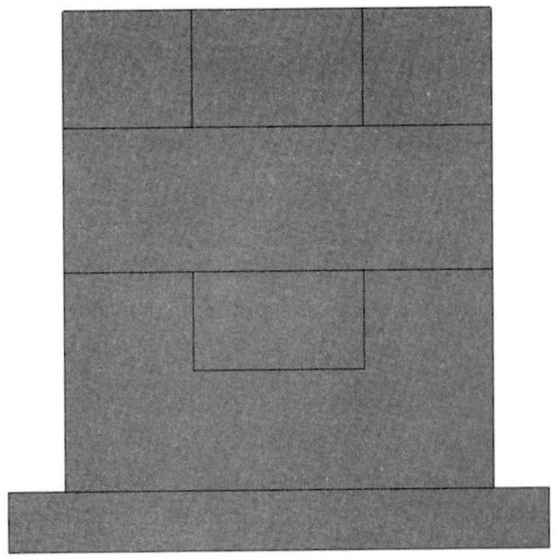

名称	端子箱	构件编号	A-XJA01	模型说明	小型电气箱体基础

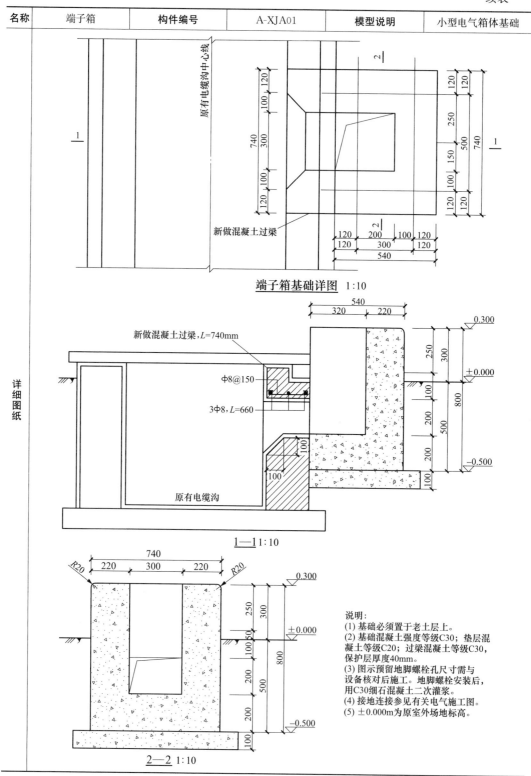

端子箱基础详图 1:10

1—1 1:10

2—2 1:10

说明：
(1) 基础必须置于老土层上。
(2) 基础混凝土强度等级C30；垫层混凝土等级C20；过梁混凝土等级C30，保护层厚度40mm。
(3) 图示预留地脚螺栓孔尺寸需与设备核对后施工。地脚螺栓安装后，用C30细石混凝土二次灌浆。
(4) 接地连接参见有关电气施工图。
(5) ±0.000m为原室外场地标高。

详细图纸

A-XJB01 余缆箱

名称	余缆箱	构件编号	A-XJB01	模型说明	小型电气箱体基础

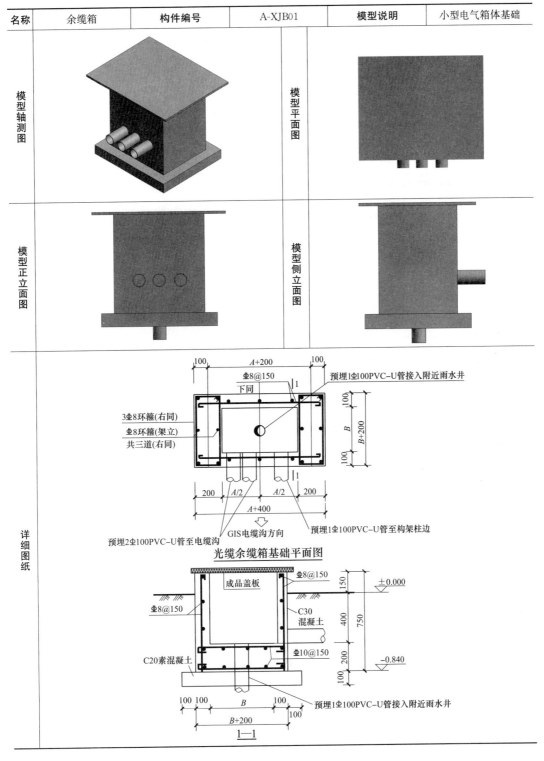

光缆余缆箱基础平面图

1—1

第 4 章 配电装置楼、警传室建筑

4.1 普通外墙

B-WQA01 硅酸盐板墙体

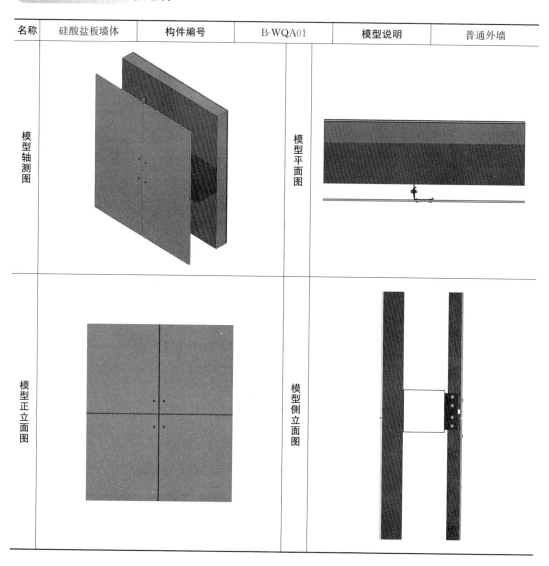

名称	硅酸盐板墙体	构件编号	B-WQA01	模型说明	普通外墙
模型轴测图			模型平面图		
模型正立面图			模型侧立面图		

名称	硅酸盐板墙体	构件编号	B-WQA01	模型说明	普通外墙

详细图纸

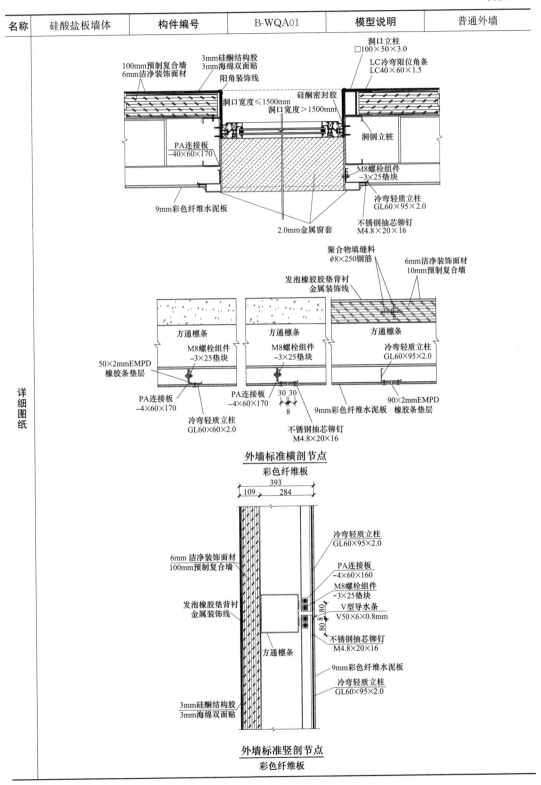

外墙标准横剖节点
彩色纤维板

外墙标准竖剖节点
彩色纤维板

A-WQB01 彩钢岩棉夹芯板墙体

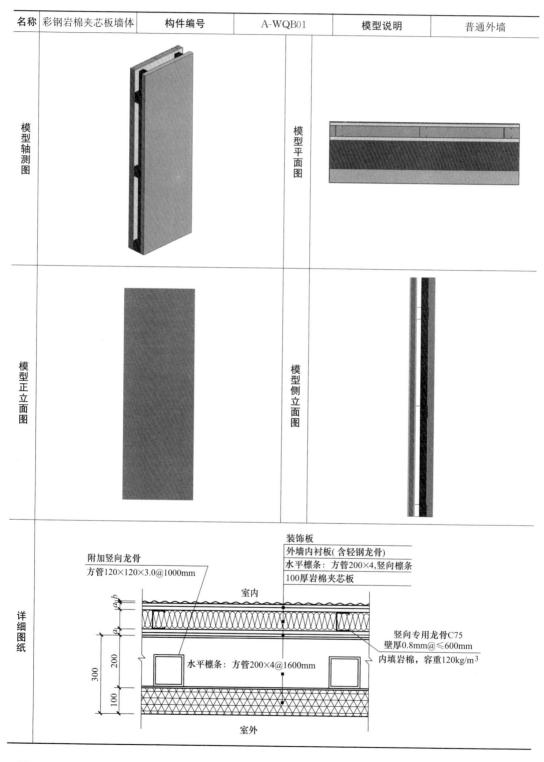

名称	彩钢岩棉夹芯板墙体	构件编号	A-WQB01	模型说明	普通外墙

模型轴测图

模型平面图

模型正立面图

模型侧立面图

详细图纸

装饰板
外墙内衬板(含轻钢龙骨)
水平檩条：方管200×4,竖向檩条
100厚岩棉夹芯板

附加竖向龙骨
方管120×120×3.0@1000mm

室内

竖向专用龙骨C75
壁厚0.8mm@≤600mm
内填岩棉,容重120kg/m³

水平檩条：方管200×4@1600mm

300
200
100

室外

A-WQC01 铝镁锰板墙体

名称	铝镁锰板墙体	构件编号	A-WQC01	模型说明	普通外墙

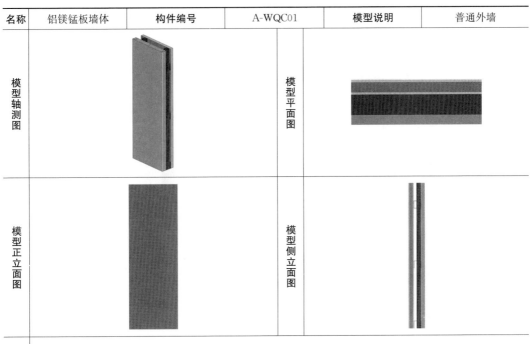

模型轴测图　模型平面图　模型正立面图　模型侧立面图

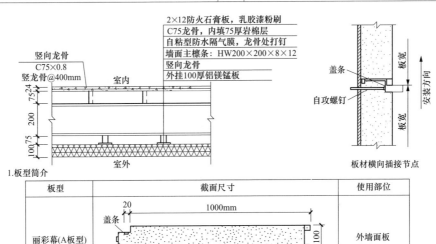

2×12防火石膏板，乳胶漆粉刷
C75龙骨，内填75厚岩棉层
自粘型防水隔气膜，龙骨处打钉
墙面主檩条：HW200×200×8×12
竖向龙骨
外挂100厚铝镁锰板

竖向龙骨
C75×0.8
竖龙骨@400mm
室内
75 24
200
100 75
室外

盖条
自攻螺钉
板宽
板宽
安装方向

板材横向插接节点

1. 板型简介

板型	截面尺寸	使用部位
丽彩幕(A板型)	盖条　20　1000mm　100　纯岩棉芯材，A级防火	外墙面板

2. 外墙材料采用金属面复合幕墙保温板系统

（1）墙面采用100mm厚金属面复合幕墙板，面板端部向内折边30mm，内板端部向内折边不小于10mm，板端用PVC封堵；填充材料为岩棉芯材，外层金属板表面形态为光面纯平。

（2）板材连接形式为子母口插接，并可以实现已安装板材的单独拆换。

（3）外层金属板采用0.8mm厚铝镁锰板材，饰面为PVDF烤漆涂层。

（4）填充材料中岩棉容重不低于120kg/m³，岩棉憎水率大于98%，岩棉板切割后翻转90度垂直与板面复合。

（5）内层钢板采用0.5mm厚热浸镀铝锌基板，镀层重量Z80，钢板饰面为聚酯烤漆涂层。

（6）墙面收边应与幕墙板外板颜色及装饰相匹配，所有紧固件连接都要隐藏在板与板的连接插口里面。

B-WQD01 阳角

名称	阳角	构件编号	B-WQD01	模型说明	普通外墙

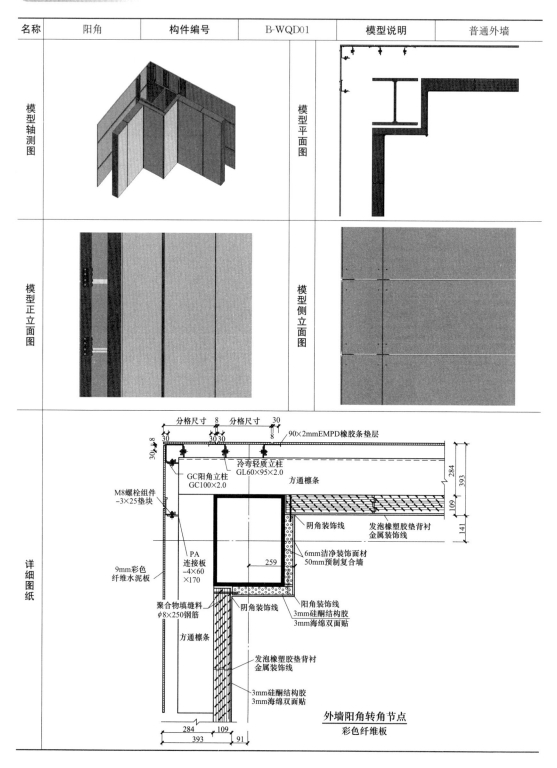

模型轴测图

模型平面图

模型正立面图

模型侧立面图

详细图纸

分格尺寸 8 分格尺寸 30

90×2mmEMPD橡胶条垫层

冷弯轻质立柱 GL60×95×2.0

GC阳角立柱 GC100×2.0

方通檩条

M8螺栓组件 −3×25垫块

阴角装饰线

发泡橡塑胶垫背衬 金属装饰线

6mm洁净装饰面材 50mm预制复合墙

PA 连接板 −4×60 ×170

259

9mm彩色 纤维水泥板

阳角装饰线 3mm硅酮结构胶 3mm海绵双面贴

聚合物填缝料 φ8×250钢筋

阴角装饰线

方通檩条

发泡橡塑胶垫背衬 金属装饰线

3mm硅酮结构胶 3mm海绵双面贴

284 109

393 91

284 393

109 393

141

外墙阳角转角节点
彩色纤维板

B-WQE01 阴角

名称	阴角	构件编号	B-WQE01	模型说明	普通外墙

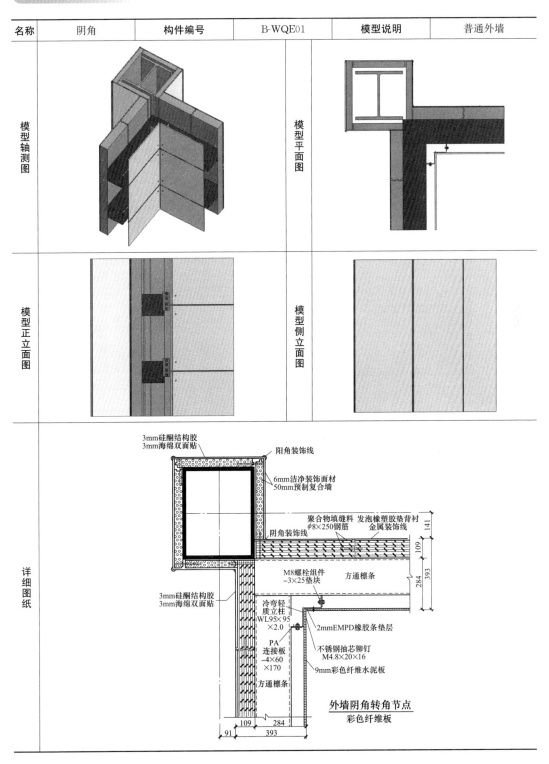

B-WQF01 内外墙交接

名称	内外墙交接	构件编号	B-WQF01	模型说明	普通外墙

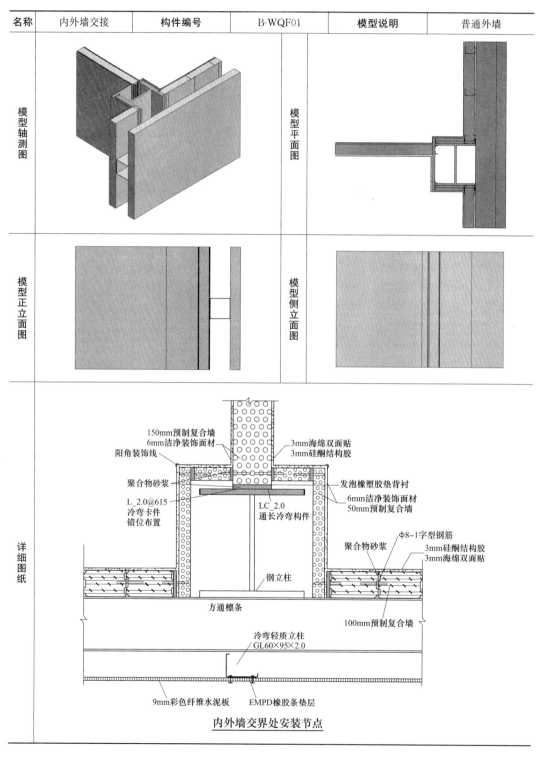

模型轴测图 / 模型平面图 / 模型正立面图 / 模型侧立面图 / 详细图纸

150mm预制复合墙
6mm洁净装饰面材
阳角装饰线

3mm海绵双面贴
3mm硅酮结构胶

聚合物砂浆

发泡橡塑胶垫背衬
6mm洁净装饰面材
50mm预制复合墙

L_2.0@615
冷弯卡件
错位布置

LC_2.0
通长冷弯构件

φ8-1字型钢筋
3mm硅酮结构胶
3mm海绵双面贴

聚合物砂浆

钢立柱

方通檩条

100mm预制复合墙

冷弯轻质立柱
GL60×95×2.0

9mm彩色纤维水泥板

EMPD橡胶条垫层

内外墙交界处安装节点

B-WQG01 柱节点

名称	柱节点	构件编号	B-WQG01	模型说明	普通外墙

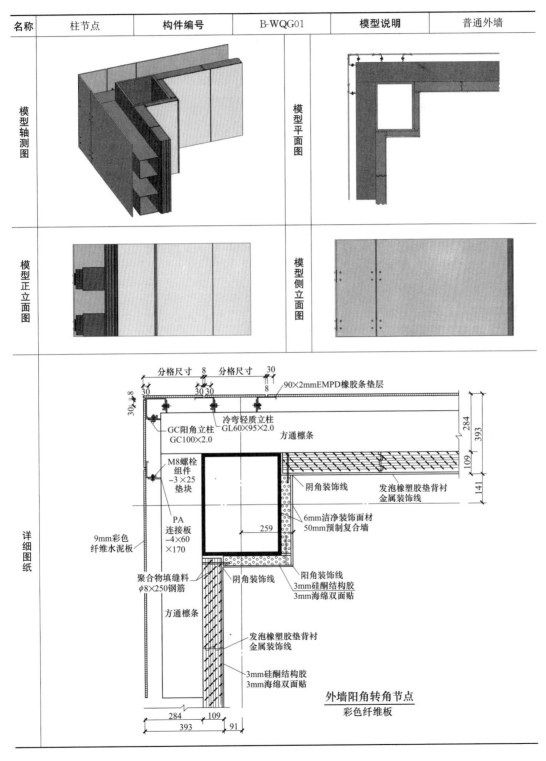

模型轴测图	模型平面图
模型正立面图	模型侧立面图

详细图纸

分格尺寸　8　分格尺寸　30
30　30 30　8
30 φ8
90×2mmEMPD橡胶条垫层
冷弯轻质立柱
GL60×95×2.0
GC阳角立柱
GC100×2.0
方通檩条
284
393
109
141
M8螺栓
组件
－3×25
垫块
阴角装饰线
发泡橡塑胶垫背衬
金属装饰线
PA
连接板
－4×60
×170
259
6mm洁净装饰面材
50mm预制复合墙
9mm彩色
纤维水泥板
聚合物填缝料
φ8×250钢筋
阳角装饰线
阴角装饰线
3mm硅酮结构胶
3mm海绵双面贴
方通檩条
发泡橡塑胶垫背衬
金属装饰线
3mm硅酮结构胶
3mm海绵双面贴

外墙阳角转角节点
彩色纤维板

284　109
393　91

B-WQH01 墙梁节点

名称	墙梁节点	构件编号	B-WQH01	模型说明	普通外墙

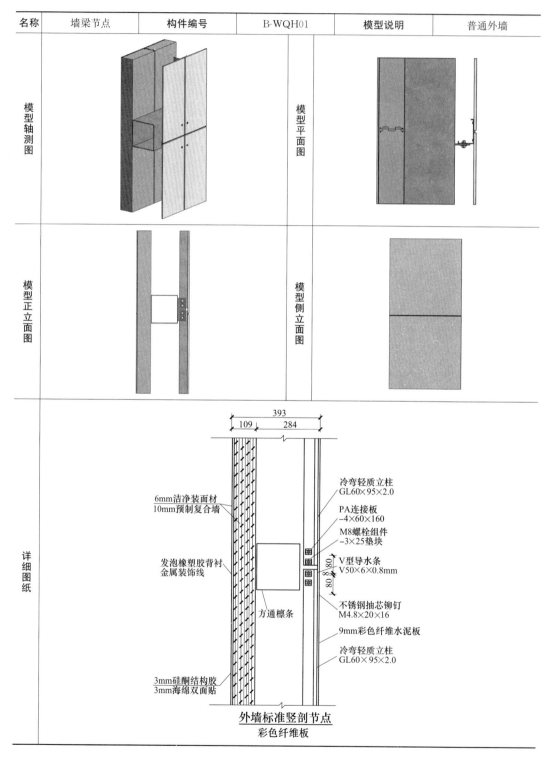

模型轴测图

模型平面图

模型正立面图

模型侧立面图

详细图纸

393
109 284

6mm洁净装面材
10mm预制复合墙

发泡橡塑胶背衬
金属装饰线

方通檩条

3mm硅酮结构胶
3mm海绵双面贴

冷弯轻质立柱
GL60×95×2.0

PA连接板
−4×60×160

M8螺栓组件
−3×25垫块

V型导水条
V50×6×0.8mm

80 80 80

不锈钢抽芯铆钉
M4.8×20×16

9mm彩色纤维水泥板

冷弯轻质立柱
GL60×95×2.0

外墙标准竖剖节点
彩色纤维板

A-WQI01 有水房间地面节点

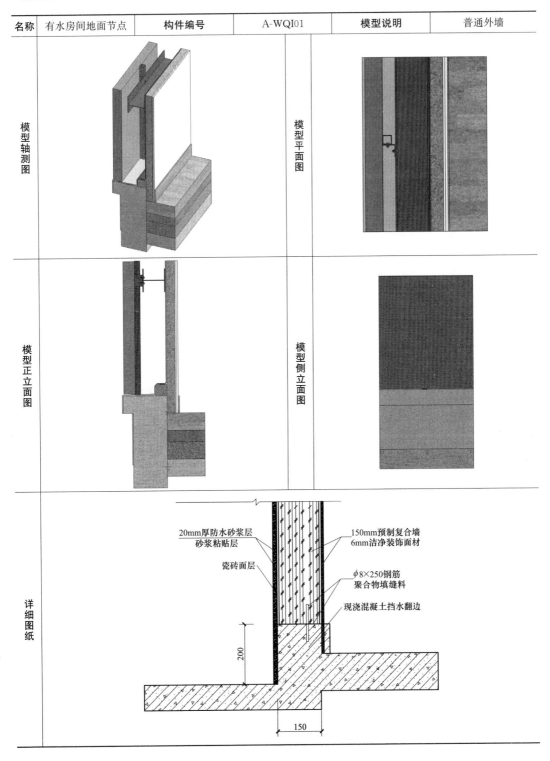

名称	有水房间地面节点	构件编号	A-WQI01	模型说明	普通外墙

模型轴测图

模型平面图

模型正立面图

模型侧立面图

详细图纸

20mm厚防水砂浆层
砂浆粘贴层

瓷砖面层

150mm预制复合墙
6mm洁净装饰面材

$\phi 8 \times 250$钢筋
聚合物填缝料

现浇混凝土挡水翻边

200

150

4.2 普通内墙

B-NQA01 纸面石膏板内墙

名称	纸面石膏板内墙	构件编号	B-NQA01	模型说明	普通内墙

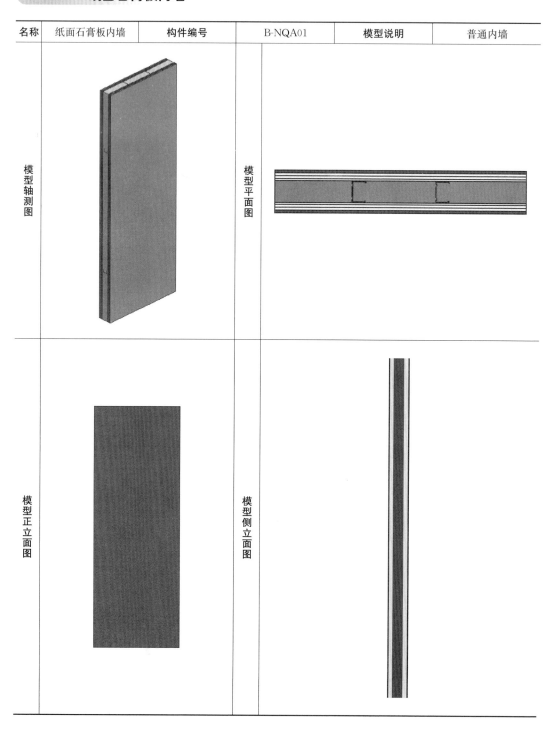

模型轴测图	模型平面图
模型正立面图	模型侧立面图

名称	纸面石膏板内墙	构件编号	B-NQA01	模型说明	普通内墙

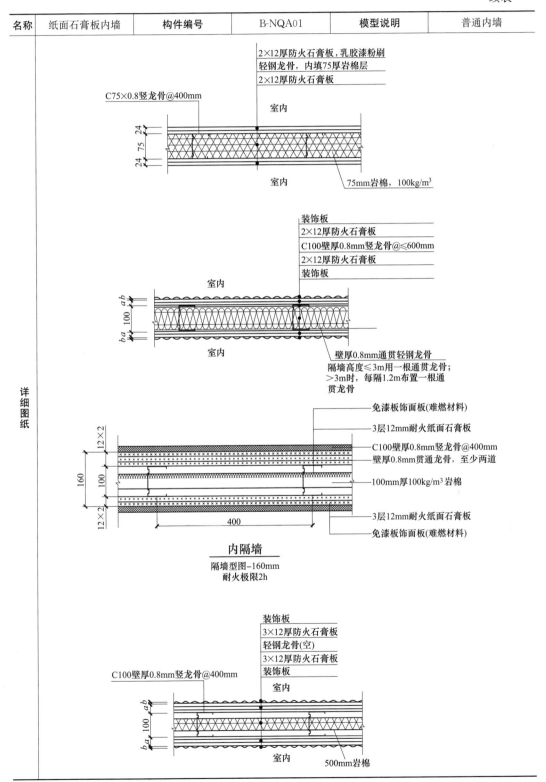

详细图纸

2×12厚防火石膏板，乳胶漆粉刷
轻钢龙骨，内填75厚岩棉层
2×12厚防火石膏板
C75×0.8竖龙骨@400mm
室内
24 75 24
24
室内
75mm岩棉，100kg/m³

装饰板
2×12厚防火石膏板
C100壁厚0.8mm竖龙骨@≤600mm
2×12厚防火石膏板
装饰板
室内
a b
100
b a
室内
壁厚0.8mm通贯轻钢龙骨
隔墙高度≤3m用一根通贯龙骨；
>3m时，每隔1.2m布置一根通贯龙骨

免漆板饰面板(难燃材料)
3层12mm耐火纸面石膏板
C100壁厚0.8mm竖龙骨@400mm
壁厚0.8mm贯通龙骨，至少两道
100mm厚100kg/m³岩棉
3层12mm耐火纸面石膏板
免漆板饰面板(难燃材料)
12×2
160 100
12×2
400

内隔墙
隔墙型图–160mm
耐火极限2h

装饰板
3×12厚防火石膏板
轻钢龙骨(空)
3×12厚防火石膏板
装饰板
C100壁厚0.8mm竖龙骨@400mm
室内
a b
100
b a
室内
500mm岩棉

47

B-NQB01 卫生间内墙

名称	卫生间内墙	构件编号	B-NQB01	模型说明	普通内墙

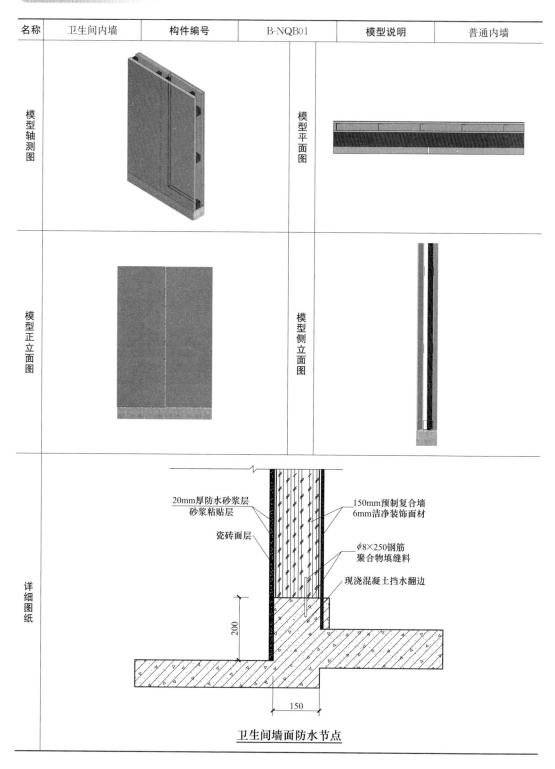

卫生间墙面防水节点

20mm厚防水砂浆层
砂浆粘贴层
瓷砖面层
150mm预制复合墙
6mm洁净装饰面材
φ8×250钢筋
聚合物填缝料
现浇混凝土挡水翻边
200
150

模型轴测图
模型平面图
模型正立面图
模型侧立面图
详细图纸

B-NQC01 内墙连接

名称	内墙连接	构件编号	B-NQC01	模型说明	普通内墙

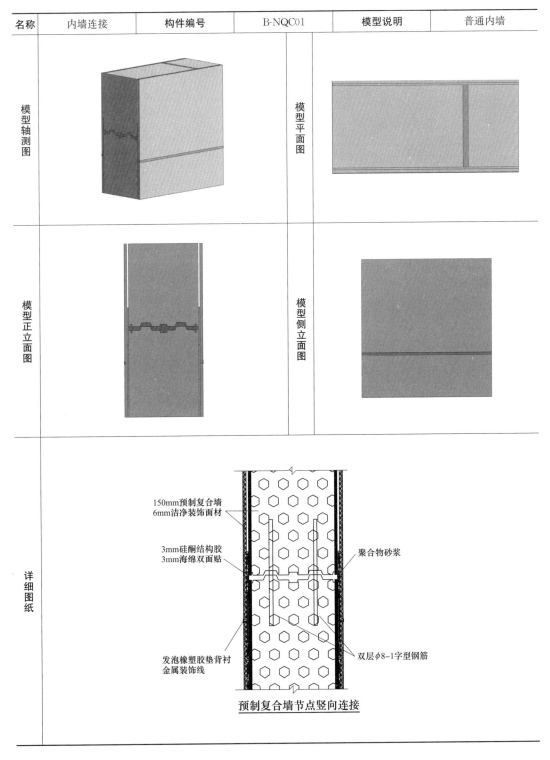

预制复合墙节点竖向连接

模型轴测图

模型平面图

模型正立面图

模型侧立面图

详细图纸

150mm预制复合墙
6mm洁净装饰面材

3mm硅酮结构胶
3mm海绵双面贴

聚合物砂浆

发泡橡塑胶垫背衬
金属装饰线

双层$\phi 8$-1字型钢筋

B-NQD01 墙梁连接节点

名称	墙梁连接节点	构件编号	B-NQD01	模型说明	普通内墙

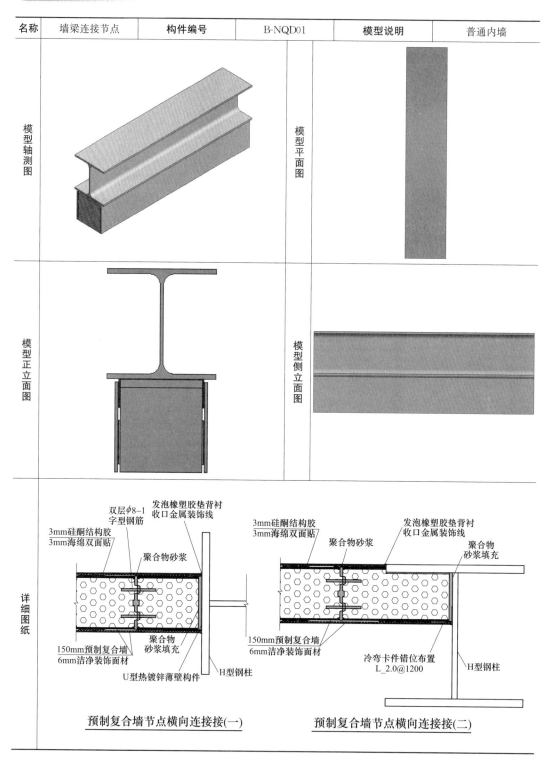

预制复合墙节点横向连接接(一)　　　预制复合墙节点横向连接接(二)

B-NQE01 墙梁连接节点

名称	墙梁连接节点	构件编号	B-NQE01	模型说明	普通内墙

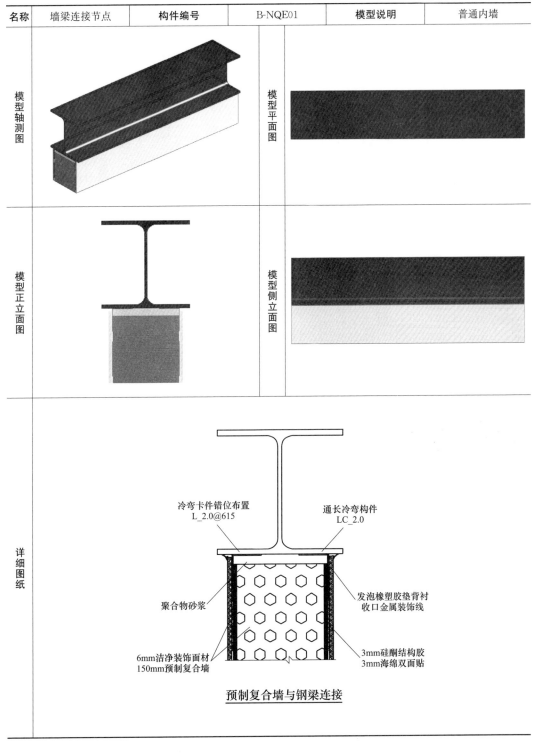

详细图纸

冷弯卡件错位布置
L_2.0@615

通长冷弯构件
LC_2.0

聚合物砂浆

发泡橡塑胶垫背衬
收口金属装饰线

6mm洁净装饰面材
150mm预制复合墙

3mm硅酮结构胶
3mm海绵双面贴

预制复合墙与钢梁连接

B-NQF01 墙底部节点

名称	墙底部节点	构件编号	B-NQF01	模型说明	普通内墙

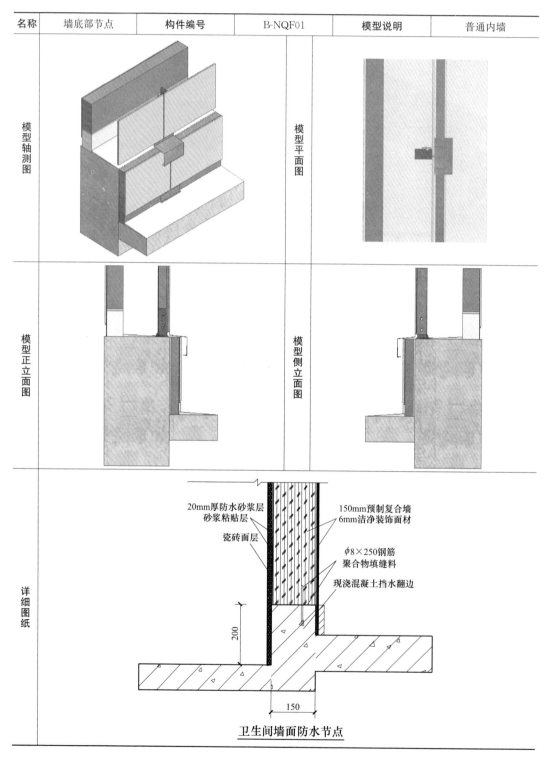

模型轴测图	模型平面图
模型正立面图	模型侧立面图
详细图纸	

20mm厚防水砂浆层
砂浆粘贴层

瓷砖面层

150mm预制复合墙
6mm洁净装饰面材

$\phi 8\times 250$钢筋
聚合物填缝料

现浇混凝土挡水翻边

200

150

卫生间墙面防水节点

4.3　防火外墙

B-FWA01 硅酸盐板墙体

名称	硅酸盐板墙体	构件编号	B-FWA01	模型说明	防火外墙

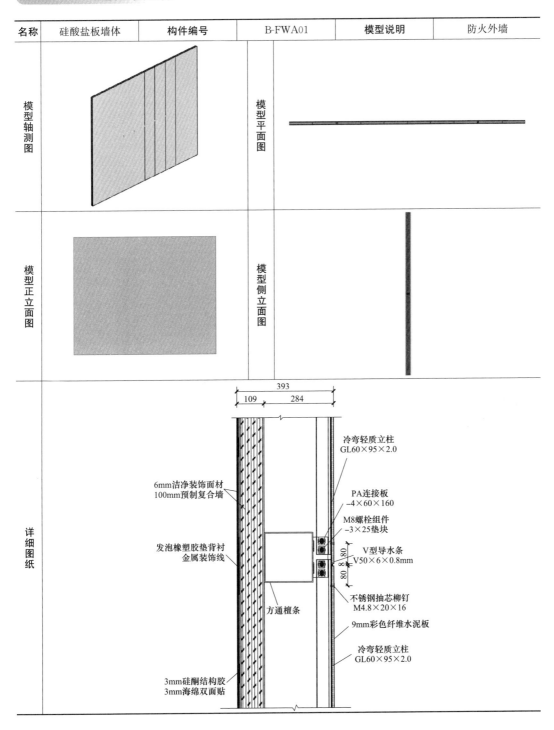

模型轴测图	模型平面图

模型正立面图	模型侧立面图

详细图纸

393
109　284

冷弯轻质立柱
GL60×95×2.0

6mm洁净装饰面材
100mm预制复合墙

PA连接板
−4×60×160

M8螺栓组件
−3×25垫块

发泡橡塑胶垫背衬
金属装饰线

V型导水条
V50×6×0.8mm

80　80　8

不锈钢抽芯柳钉
M4.8×20×16

方通檩条

9mm彩色纤维水泥板

冷弯轻质立柱
GL60×95×2.0

3mm硅酮结构胶
3mm海绵双面贴

A-FWB01 铝镁锰板墙体

名称	铝镁锰板墙体	构件编号	A-FWB01	模型说明	防火外墙

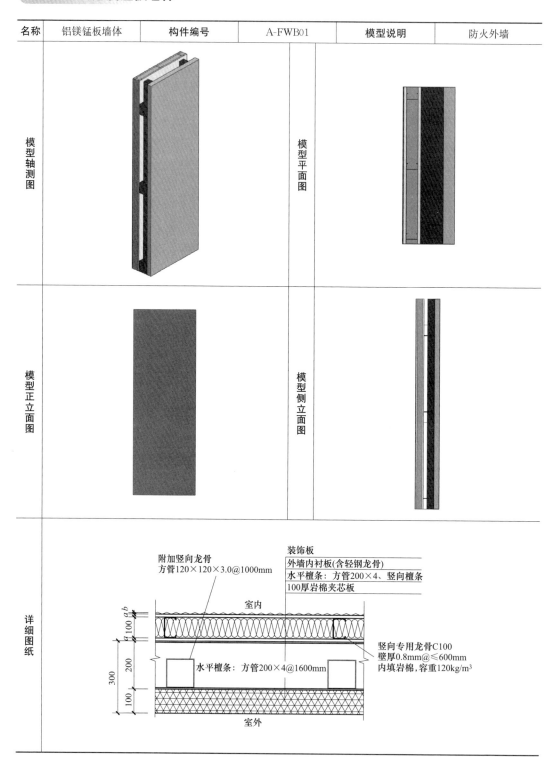

B-FWC01 转角节点

名称	转角节点	构件编号	B-FWC01	模型说明	防火外墙

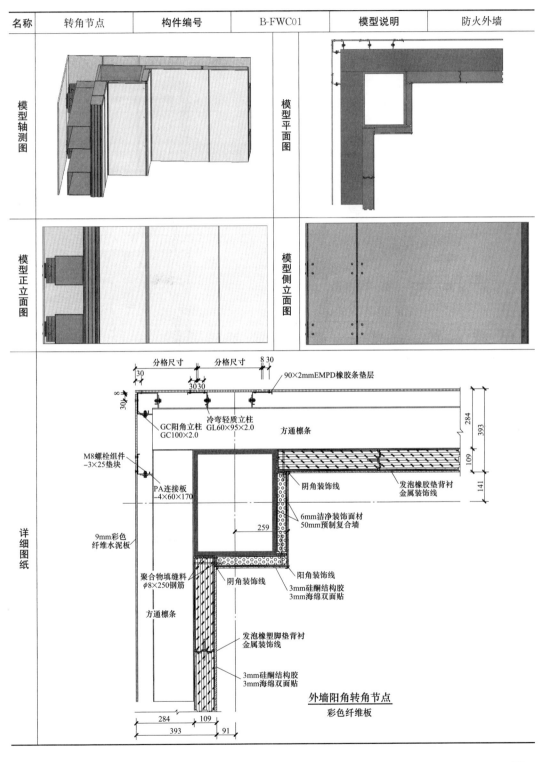

| 模型轴测图 | | 模型平面图 | |
| 模型正立面图 | | 模型侧立面图 | |

详细图纸

分格尺寸　分格尺寸　8 30

30
8
30

90×2mmEMPD橡胶条垫层

GC阳角立柱
GC100×2.0

冷弯轻质立柱
GL60×95×2.0

方通檩条

M8螺栓组件
−3×25垫块

PA连接板
−4×60×170

阴角装饰线

发泡橡胶垫背衬
金属装饰线

6mm洁净装饰面材
50mm预制复合墙

9mm彩色
纤维水泥板

259

阳角装饰线

聚合物填缝料
φ8×250钢筋

阴角装饰线

3mm硅酮结构胶
3mm海绵双面贴

方通檩条

发泡橡塑脚垫背衬
金属装饰线

3mm硅酮结构胶
3mm海绵双面贴

284
393
109
141

284　109
393　91

外墙阳角转角节点
彩色纤维板

B-FWD01 柱防火节点

名称	柱防火节点	构件编号	B-FWD01	模型说明	柱防火节点

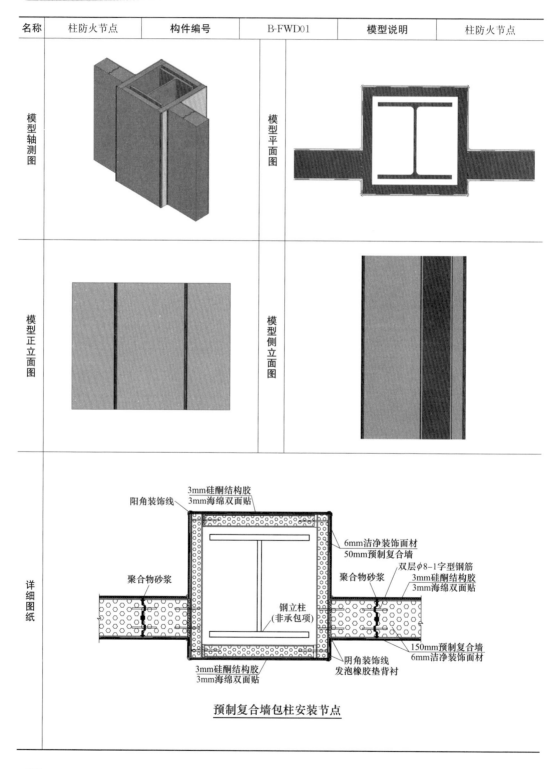

预制复合墙包柱安装节点

（模型轴测图、模型平面图、模型正立面图、模型侧立面图、详细图纸）

详细图纸标注：
- 阳角装饰线
- 3mm硅酮结构胶
- 3mm海绵双面贴
- 6mm洁净装饰面材
- 50mm预制复合墙
- 双层φ8-1字型钢筋
- 3mm硅酮结构胶
- 3mm海绵双面贴
- 聚合物砂浆
- 钢立柱(非承包项)
- 聚合物砂浆
- 150mm预制复合墙
- 6mm洁净装饰面材
- 阴角装饰线
- 发泡橡胶垫背衬
- 3mm硅酮结构胶
- 3mm海绵双面贴

B-FWE01 梁防火节点

名称	梁防火节点	构件编号	B-FWE01	模型说明	防火外墙

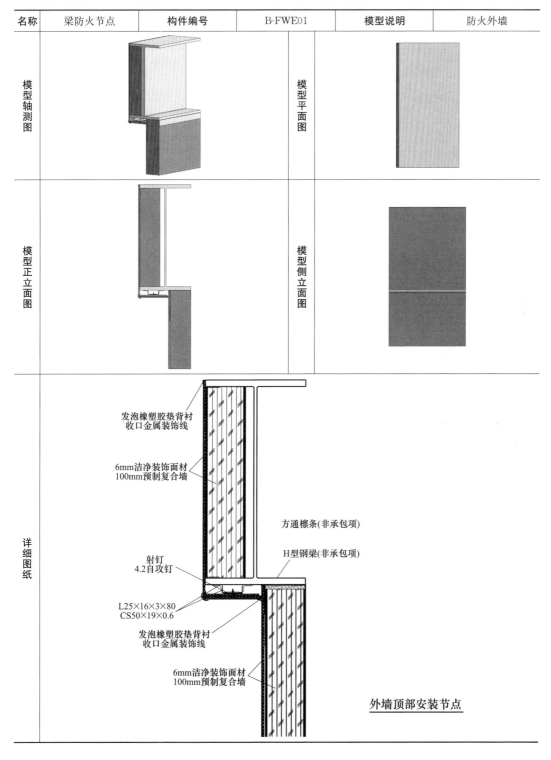

模型轴测图		模型平面图		
模型正立面图		模型侧立面图		

详细图纸

发泡橡塑胶垫背衬
收口金属装饰线

6mm洁净装饰面材
100mm预制复合墙

方通檩条(非承包项)

H型钢梁(非承包项)

射钉
4.2自攻钉

L25×16×3×80
CS50×19×0.6

发泡橡塑胶垫背衬
收口金属装饰线

6mm洁净装饰面材
100mm预制复合墙

外墙顶部安装节点

4.4 防火内墙

B-FNA01 硅酸盐板墙体

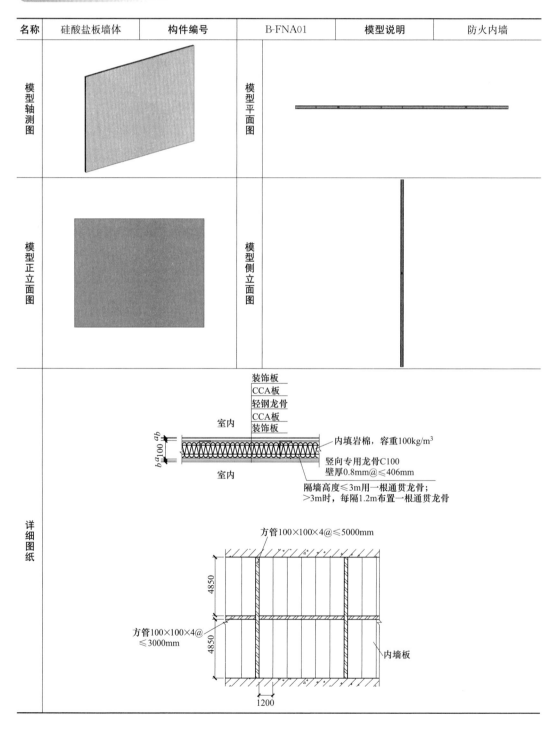

名称	硅酸盐板墙体	构件编号		B-FNA01	模型说明	防火内墙

A-FNB01 加气混凝土板墙体

名称	加气混凝土板墙体	构件编号	A-FNB01	模型说明	防火内墙

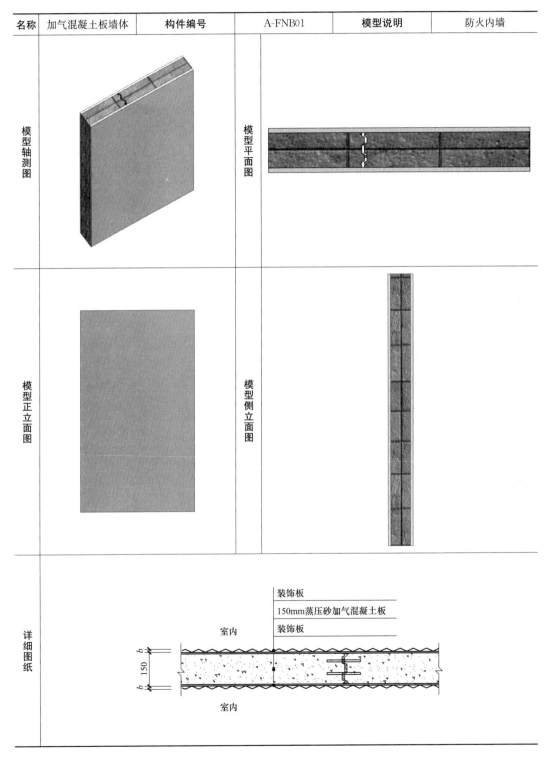

模型轴测图

模型平面图

模型正立面图

模型侧立面图

详细图纸

装饰板

150mm蒸压砂加气混凝土板

装饰板

室内

室内

A-FNC01 路缘石

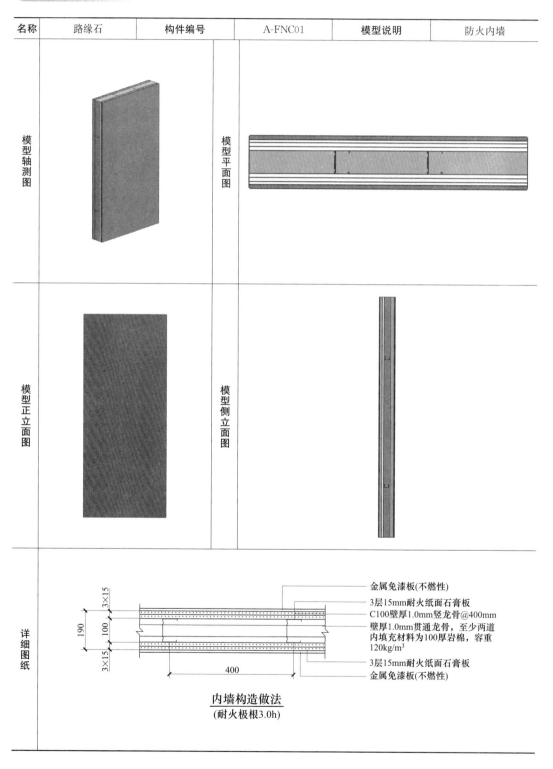

名称	路缘石	构件编号	A-FNC01	模型说明	防火内墙

模型轴测图

模型平面图

模型正立面图

模型侧立面图

详细图纸

金属免漆板(不燃性)
3层15mm耐火纸面石膏板
C100壁厚1.0mm竖龙骨@400mm
壁厚1.0mm贯通龙骨，至少两道
内填充材料为100厚岩棉，容重
120kg/m³
3层15mm耐火纸面石膏板
金属免漆板(不燃性)

3×15
190
100
3×15
400

内墙构造做法
(耐火极根3.0h)

A-FND01 吸音墙

名称	吸音墙	构件编号	A-FND01	模型说明	防火内墙

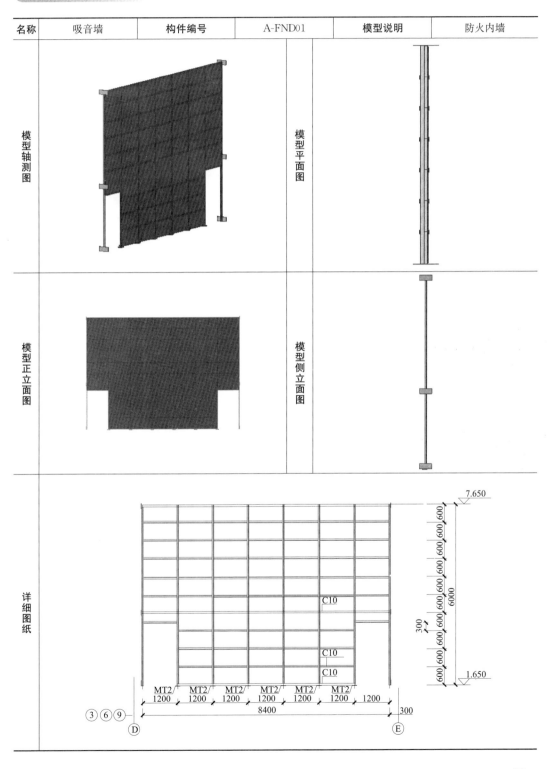

名称	吸音墙	构件编号	A-FND01	模型说明	防火内墙

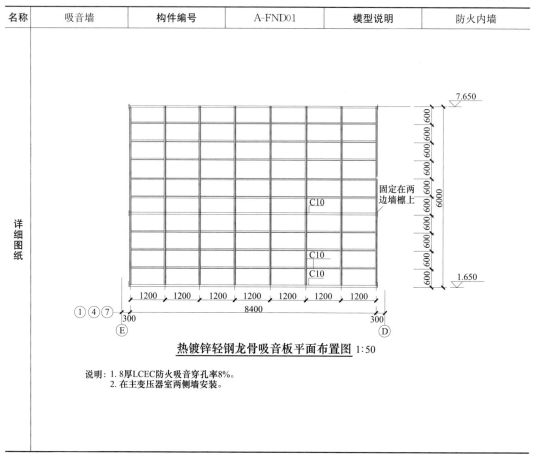

热镀锌轻钢龙骨吸音板平面布置图 1:50

说明：1. 8厚LCEC防火吸音穿孔率8%。
2. 在主变压器室两侧墙安装。

4.5 楼梯

A-LTA01 室内楼梯

名称	室内楼梯	构件编号	A-LTA01	模型说明	楼梯

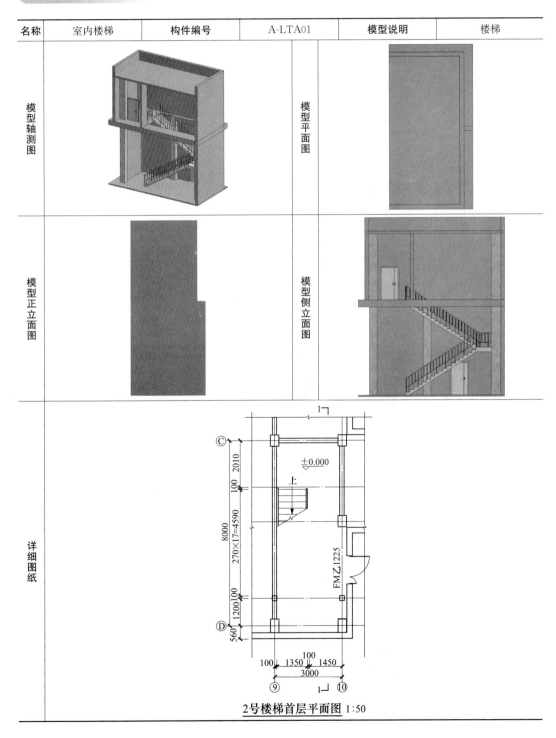

模型轴测图	模型平面图
模型正立面图	模型侧立面图
详细图纸	2号楼梯首层平面图 1:50

续表

名称	室内楼梯	构件编号	A-LTA01	模型说明	楼梯

详细图纸

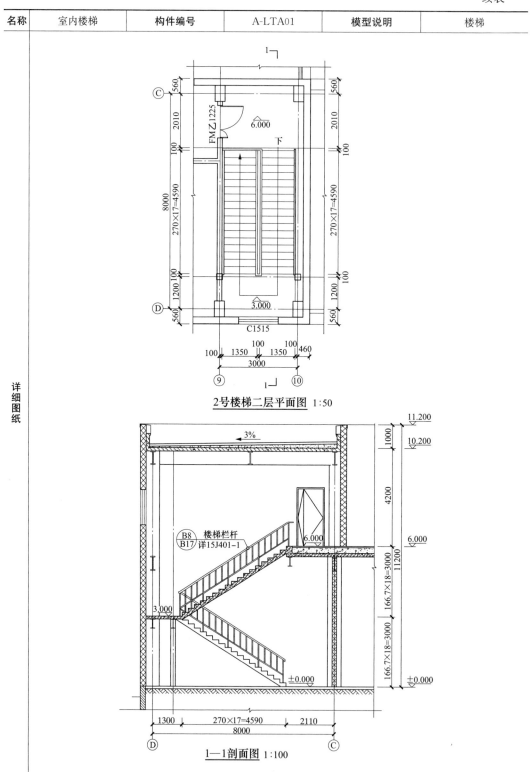

2号楼梯二层平面图 1:50

1—1剖面图 1:100

A-LTB01 室外楼梯

名称	室外楼梯	构件编号	A-LTB01	模型说明	楼梯

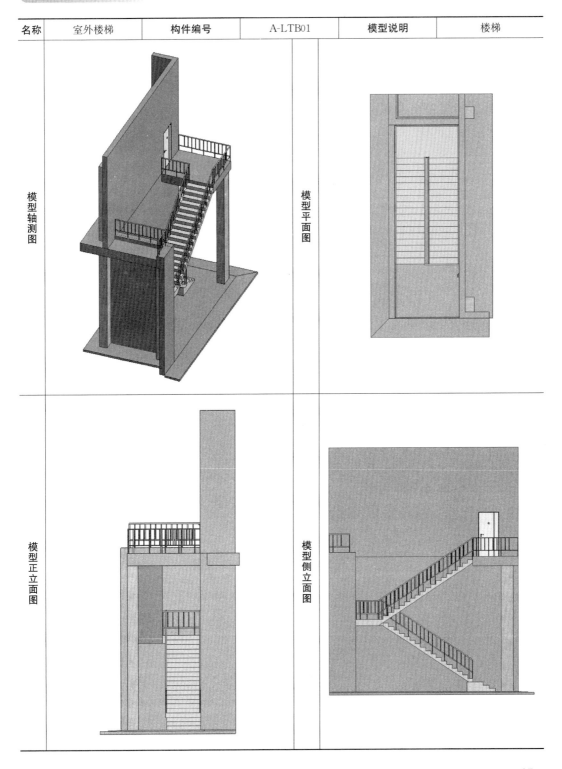

模型轴测图

模型平面图

模型正立面图

模型侧立面图

续表

名称	室外楼梯	构件编号	A-LTB01	模型说明	楼梯

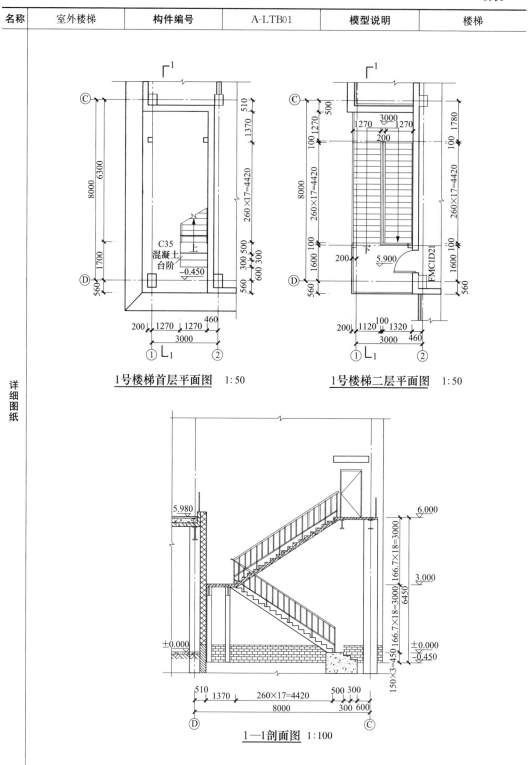

1号楼梯首层平面图　1:50

1号楼梯二层平面图　1:50

1—1剖面图　1:100

详细图纸

4.6　吊装平台

A-DPA01 可拆卸栏杆

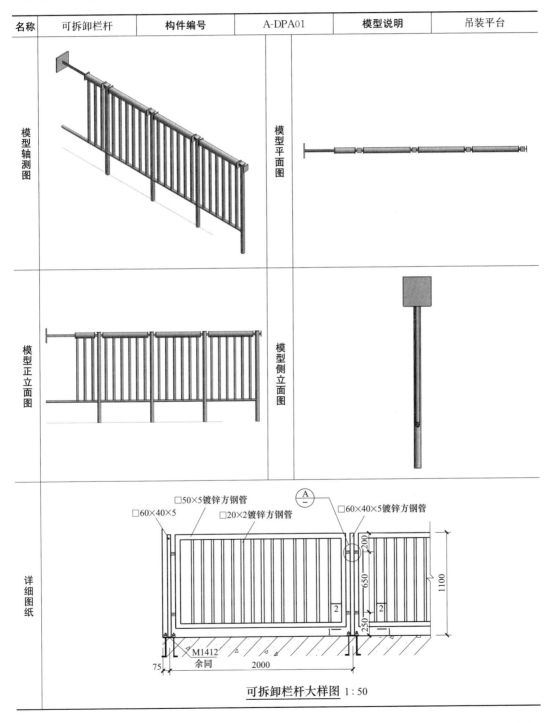

名称	可拆卸栏杆	构件编号	A-DPA01	模型说明	吊装平台

可拆卸栏杆大样图 1:50

名称	可拆卸栏杆	构件编号	A-DPA01	模型说明	吊装平台

详细图纸

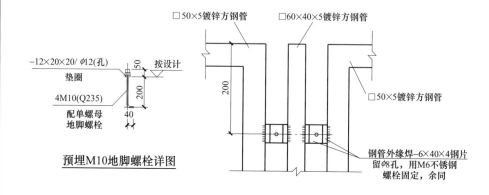

预埋M10地脚螺栓详图

Ⓐ 1:5

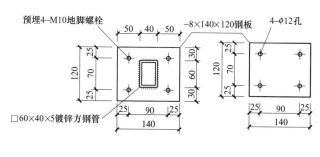

1—1 1:5

M1412 1:5

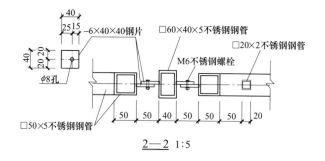

2—2 1:5

A-DPB01 挑平台檐口

名称	挑平台檐口	构件编号	A-DPB01	模型说明	吊装平台

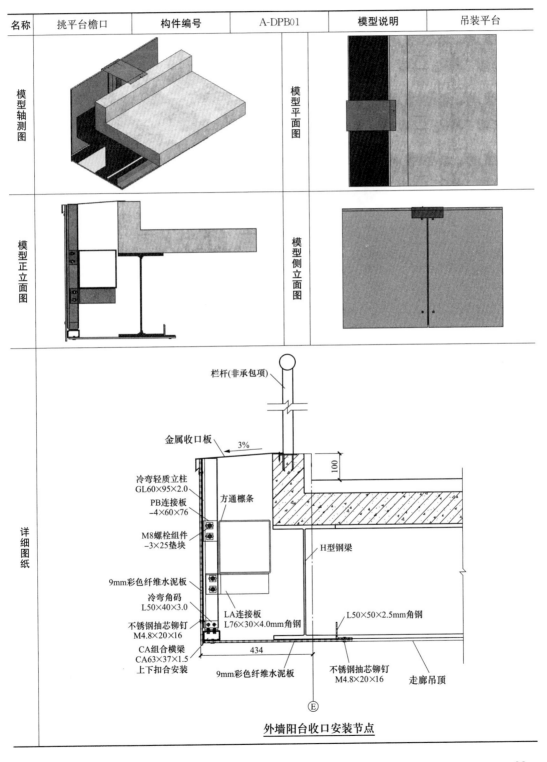

外墙阳台收口安装节点

栏杆(非承包项)

金属收口板

3%

100

冷弯型轻质立柱
GL60×95×2.0

PB连接板
−4×60×76

方通檩条

M8螺栓组件
−3×25垫块

H型钢梁

9mm彩色纤维水泥板

冷弯角码
L50×40×3.0

LA连接板
L76×30×4.0mm角钢

L50×50×2.5mm角钢

不锈钢抽芯铆钉
M4.8×20×16

CA组合横梁
CA63×37×1.5
上下扣合安装

434

9mm彩色纤维水泥板

不锈钢抽芯铆钉
M4.8×20×16

走廊吊顶

E

4.7 空调平台

A-KPA01 空调外机基础

名称	空调外机基础	构件编号	A-KPA01	模型说明	空调平台

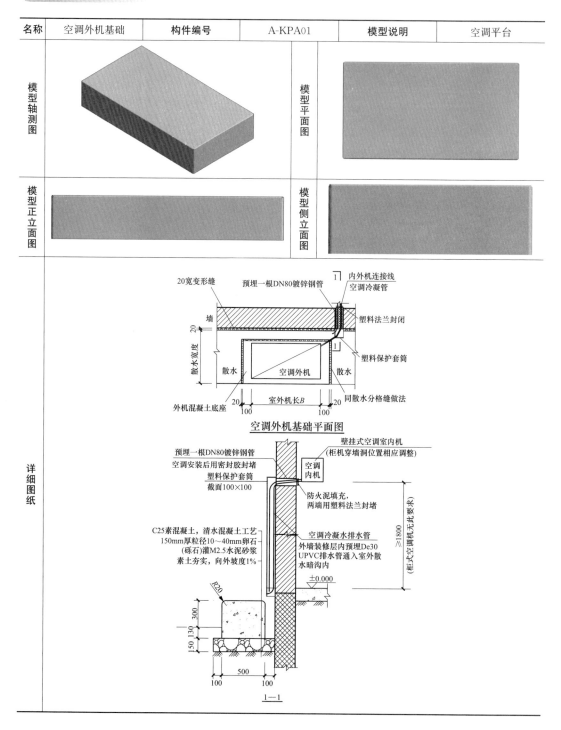

模型轴测图		模型平面图	
模型正立面图		模型侧立面图	
详细图纸			

空调外机基础平面图

1—1

A-KPB01 空调平台板

名称	空调平台板	构件编号	A-KPB01	模型说明	空调平台

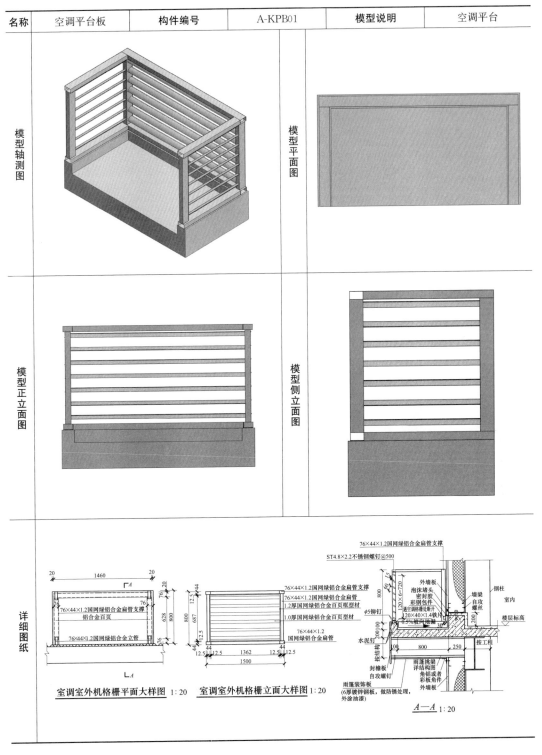

4.8 勒脚

A-LJA01 蘑菇石勒脚

名称	蘑菇石勒脚	构件编号	A-LJA01	模型说明	勒脚
模型轴测图			模型平面图		
模型正立面图			模型侧立面图		

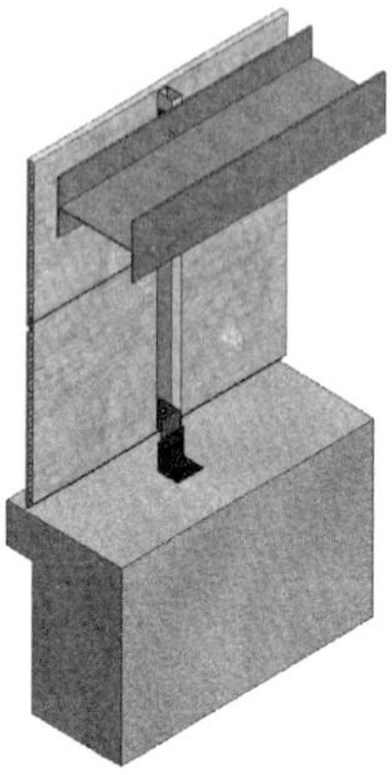

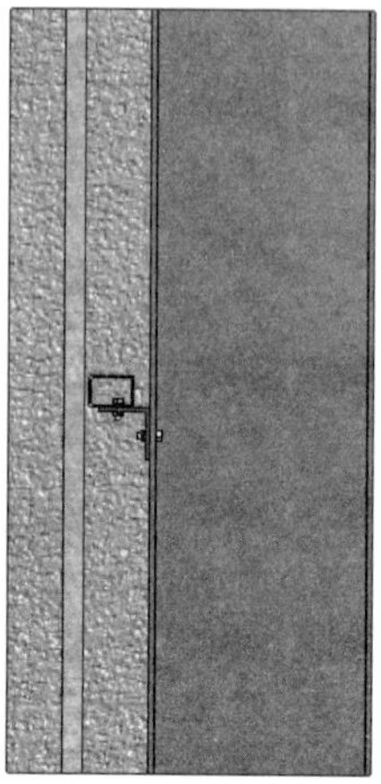

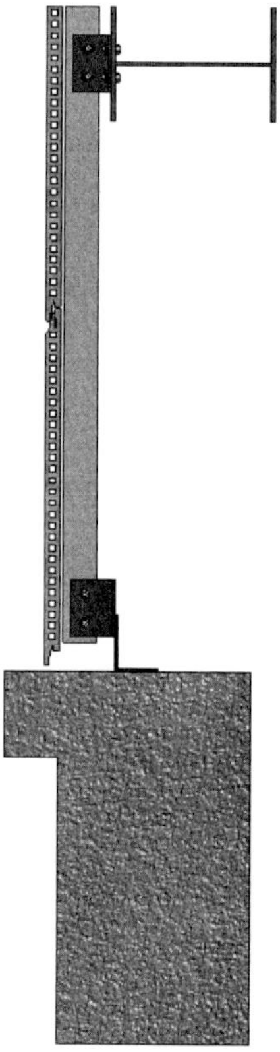

续表

名称	蘑菇石勒脚	构件编号	A-LJA01	模型说明	勒脚
详细图纸			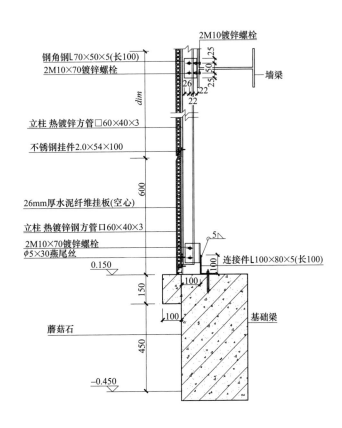		

幕墙竖向剖切节点大样 1:10

说明: (1) 相关节点均参照施工。
(2) 角码与墙梁翼缘采用螺栓连接, 螺栓为M12普通螺栓, 翼缘开孔ϕ13.5。

4.9 散水

A-SSA01 预制散水

名称	预制散水	构件编号	A-SSA01	模型说明	散水

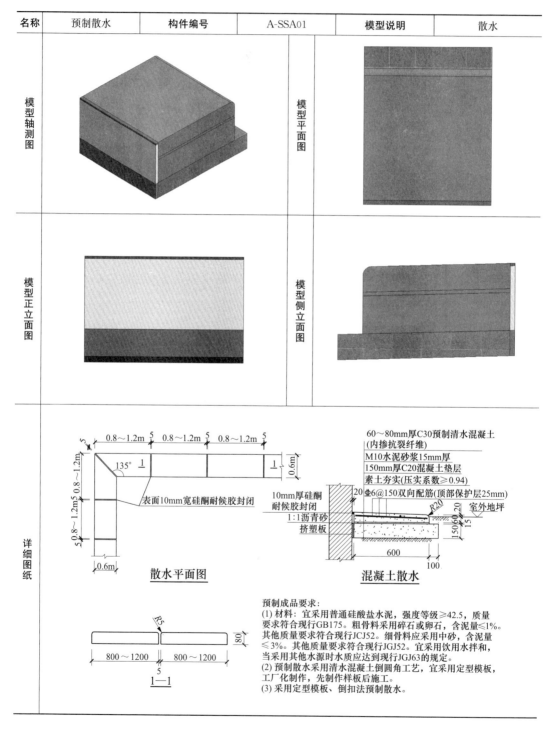

预制成品要求:
(1) 材料: 宜采用普通硅酸盐水泥, 强度等级≥42.5, 质量要求符合现行GB175。粗骨料采用碎石或卵石, 含泥量≤1%。其他质量要求符合现行JCJ52。细骨料采用中砂, 含泥量≤3%。其他质量要求符合现行JGJ52。宜采用饮用水拌和, 当采用其他水源时水质应达到现行JGJ63的规定。
(2) 预制散水采用清水混凝土倒圆角工艺, 宜采用定型模板, 工厂化制作, 先制作样板后施工。
(3) 采用定型模板、倒扣法预制散水。

A-SSB01 雨水口

名称	雨水口	构件编号	A-SSB01	模型说明	散水

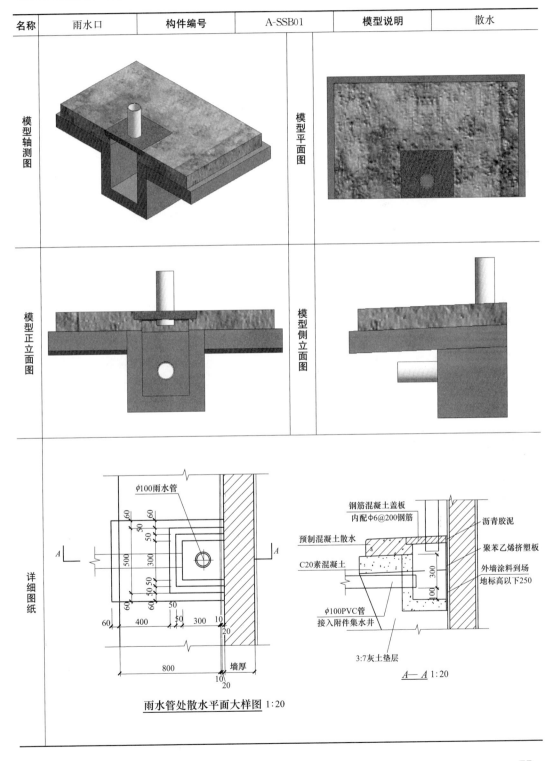

雨水管处散水平面大样图 1:20

$A—A$ 1:20

（详细图纸中标注）
- $\phi100$雨水管
- 60 60
- 50
- 50
- 500 300
- 50 50
- 60
- 60 400 50 50 300 10
- 20
- 800 墙厚
- 10
- 20
- 钢筋混凝土盖板
- 内配$\phi6@200$钢筋
- 预制混凝土散水
- C20素混凝土
- 沥青胶泥
- 聚苯乙烯挤塑板
- 外墙涂料到场
- 地标高以下250
- 300 300
- 100
- $\phi100$PVC管接入附件集水井
- 3:7灰土垫层

4.10 坡道

A-PDA01 台阶、坡道

名称	台阶、坡道	构件编号	A-PDA01	模型说明	台阶、坡道

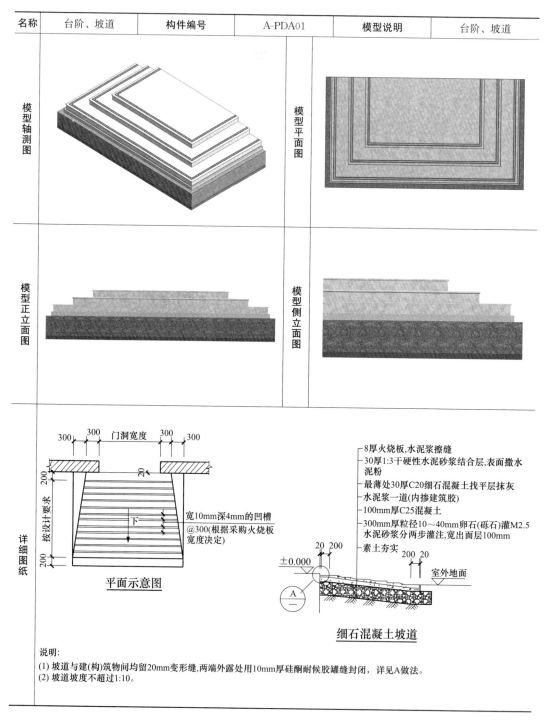

说明:

(1) 坡道与建(构)筑物间均留20mm变形缝,两端外露处用10mm厚硅酮耐候胶罐缝封闭,详见A做法。

(2) 坡道坡度不超过1:10。

续表

名称	台阶、坡道	构件编号	A-PDA01	模型说明	台阶、坡道

平面示意图

板材踏步

二楼板材踏步

8mm厚火烧板,水泥浆擦缝
30mm厚度1:3干硬性水泥砂浆结合层,表面撒水泥粉
最薄处30厚C20细石混凝土找平层抹灰
素水泥浆一道(内掺建筑胶)
60mm厚C25混凝土,台阶面向外坡1%
300mm厚粒径10～40mm卵石(砾石)灌M2.5水泥砂浆分两步灌注,宽出面层100mm
素土夯实

8mm厚火烧板,水泥浆擦缝
30mm厚度1:3干硬性水泥砂浆结合层,表面撒水泥粉
最薄处30厚C20细石混凝土找平层抹灰
素水泥浆一道(内掺建筑胶)
90mm厚C25混凝土,台阶面向外坡1%
结构板

磨角R=5　防滑处理
10mm厚硅酮耐候封闭
1:1沥青砂
橡胶泡沫板

说明:
(1) 适用于台阶高度不超过700mm的室外台阶。
(2) 板材破坏强度N≥1500,执行GB/T 18600《天然板石》。
(3) 踏步与建(构)筑物间均留20mm变形缝,两端外露处用10mm 厚硅酮耐候胶灌缝封闭,详见B做法。

77

4.11 屋面

A-WMA01 屋面分格缝

名称	屋面分格缝	构件编号	A-WMA01	模型说明	屋面

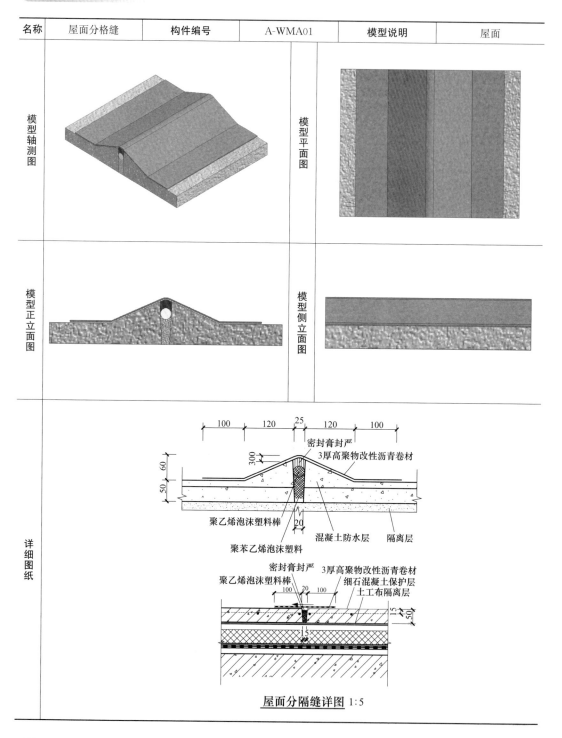

屋面分隔缝详图 1:5

B-WMB01 高低跨屋面

名称	高低跨屋面	构件编号	B-WMB01	模型说明	屋面

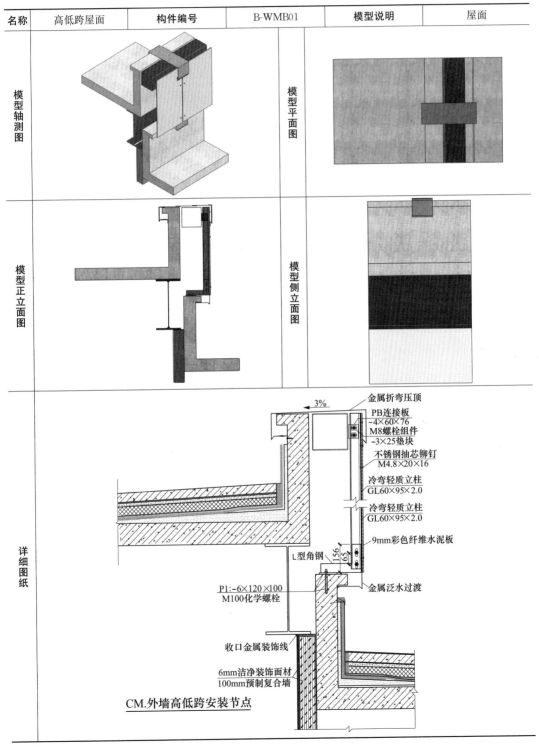

模型轴测图

模型平面图

模型正立面图

模型侧立面图

详细图纸

3%

金属折弯压顶
PB连接板
-4×60×76
M8螺栓组件
-3×25垫块
不锈钢抽芯铆钉
M4.8×20×16

冷弯轻质立柱
GL60×95×2.0
冷弯轻质立柱
GL60×95×2.0
9mm彩色纤维水泥板

L型角钢

156
65

金属泛水过渡

P1:-6×120×100
M100化学螺栓

收口金属装饰线

6mm洁净装饰面材
100mm预制复合墙

CM.外墙高低跨安装节点

A-WMC01 女儿墙泛水及压顶

名称	女儿墙泛水及压顶	构件编号	A-WMC01	模型说明	屋面

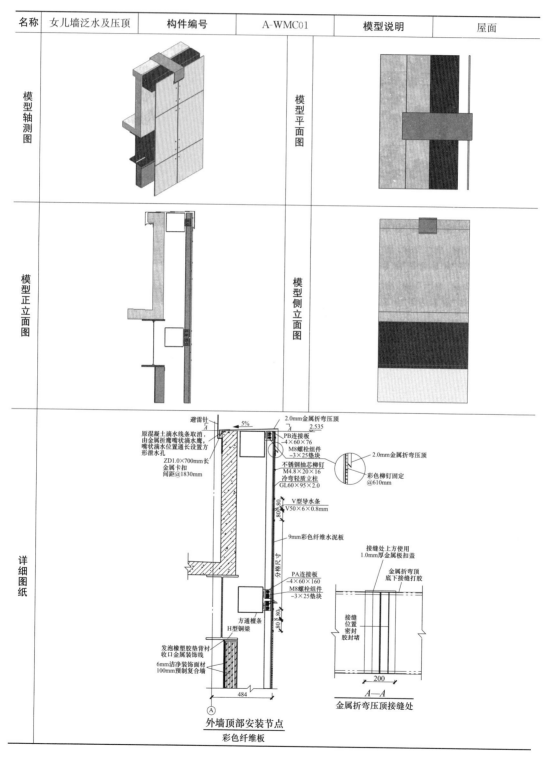

模型轴测图

模型平面图

模型正立面图

模型侧立面图

详细图纸

避雷针
5%
原混凝土滴水线条取消，由金属折鹰嘴状滴水鹰，嘴状滴水位置通长设置方形泄水孔
ZD1.0×700mm长金属卡扣
间距@1830mm

2.0mm金属折弯压顶
2.535
PB连接板
-4×60×76
M8螺栓组件
-3×25垫块
不锈钢抽芯柳钉
M4.8×20×16
冷弯轻质立柱
GL60×95×2.0

2.0mm金属折弯压顶
彩色柳钉固定
@610mm

V型导水条
V50×6×0.8mm

9mm彩色纤维水泥板

接缝处上方使用
1.0mm厚金属板扣盖

金属折弯顶
底下接缝打胶

分格尺寸

PA连接板
-4×60×160
M8螺栓组件
-3×25垫块

接缝位置密封胶封堵

方通檩条
H型钢梁
发泡橡塑垫背衬收口金属装饰线
6mm洁净装饰面材
100mm预制复合墙

484

200

A—A
金属折弯压顶接缝处

Ⓐ
外墙顶部安装节点
彩色纤维板

A-WMD01 泄水孔

名称	泄水孔	构件编号	A-WMD01	模型说明	屋面

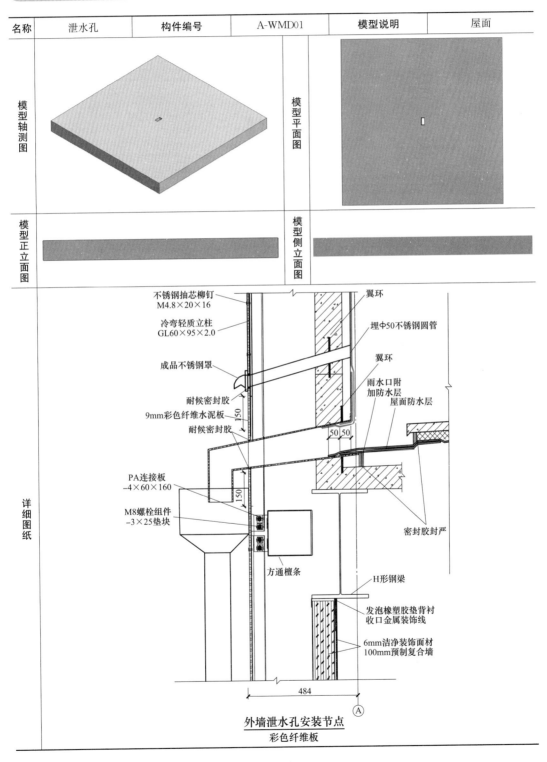

外墙泄水孔安装节点
彩色纤维板

A-WME01 跌水簸箕

名称	跌水簸箕	构件编号	A-WME01	模型说明	屋面

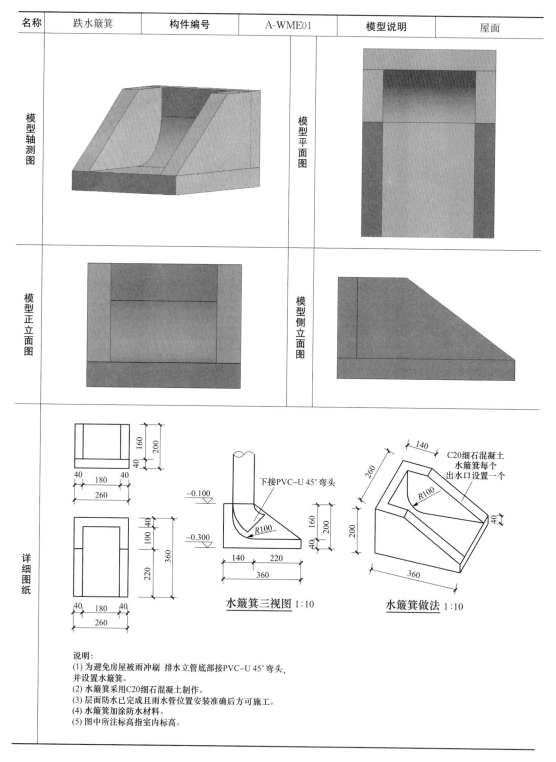

说明:
(1) 为避免房屋被雨冲刷 排水立管底部接PVC–U 45°弯头,
并设置水簸箕。
(2) 水簸箕采用C20细石混凝土制作。
(3) 层面防水已完成且雨水管位置安装准确后方可施工。
(4) 水簸箕加涂防水材料。
(5) 图中所注标高指室内标高。

A-WMF01 导地线挂架爬梯及护笼

名称	导地线挂架爬梯及护笼	构件编号	A-WMF01	模型说明	屋面
模型轴测图	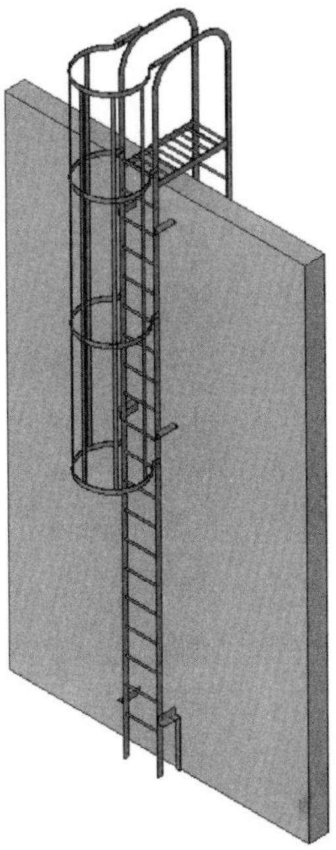		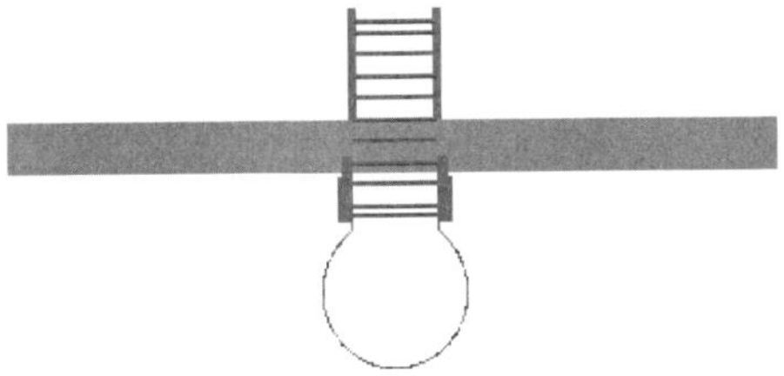 模型平面图		
模型正立面图	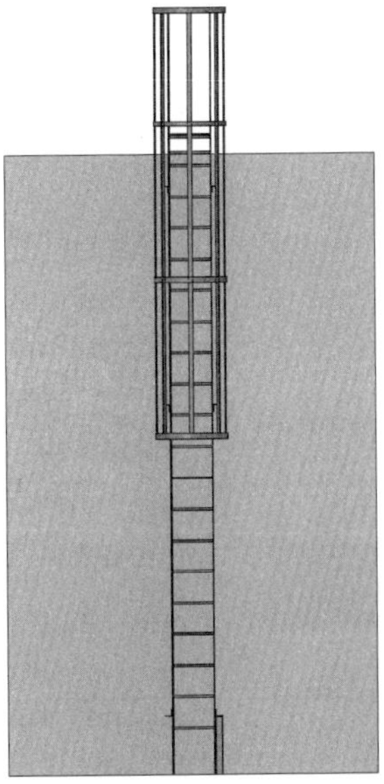		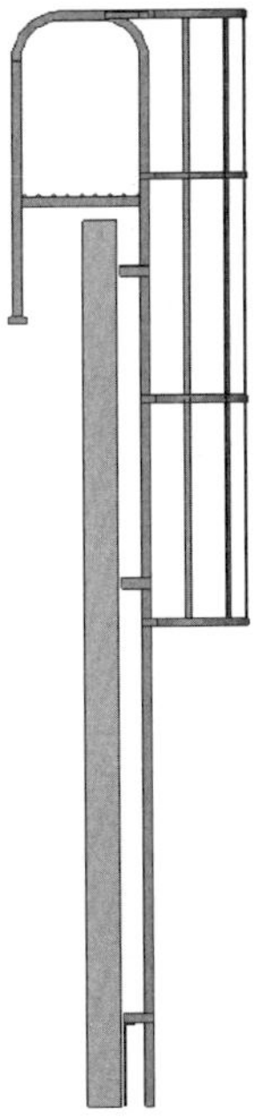 模型侧立面图		

名称	导地线挂架爬梯及护笼	构件编号	A-WMF01	模型说明	屋面

详细图纸

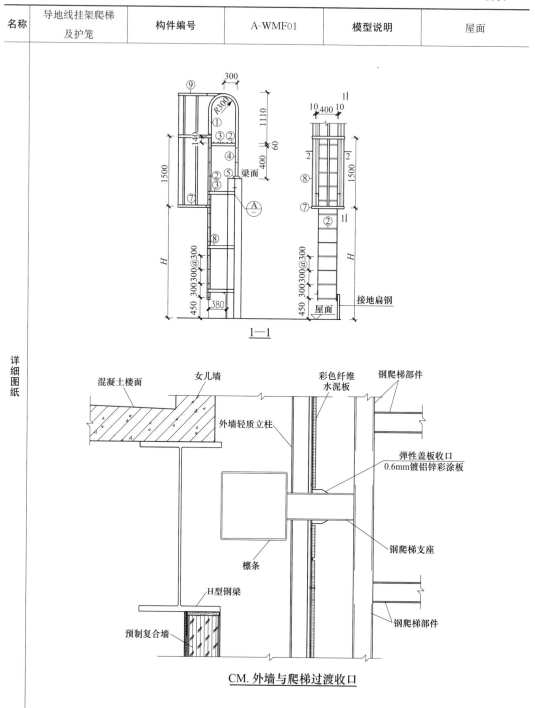

1—1

CM.外墙与爬梯过渡收口

第 5 章　配电装置楼、警传室结构

5.1　基础

A-MSA01 锚栓

名称	锚栓	构件编号	A-MSA01	模型说明	锚栓
模型轴测图		模型平面图		详细图纸	
模型正立面图		模型侧立面图			

穿孔塞焊

160
50
20d
20
3d
3d
d

5.2 框架

A-KJA01 沉降观测点

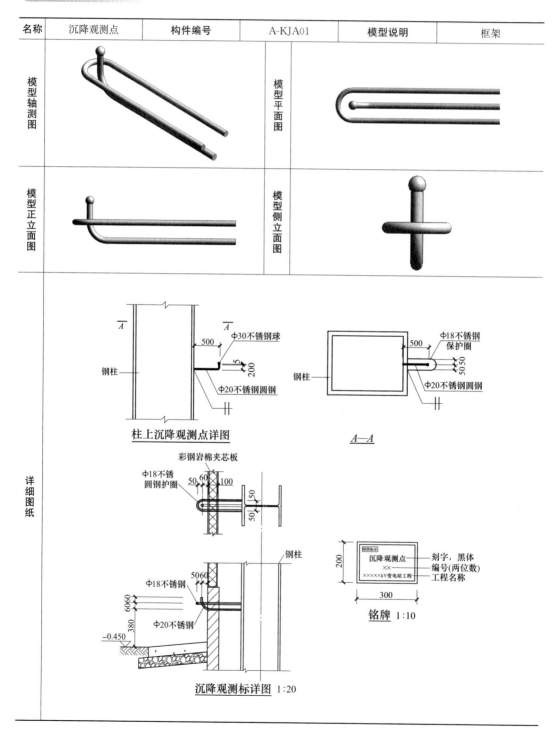

名称	沉降观测点	构件编号	A-KJA01	模型说明	框架
模型轴测图			模型平面图		
模型正立面图			模型侧立面图		
详细图纸					

柱上沉降观测点详图

A—A

沉降观测标详图 1:20

铭牌 1:10

A-KJB01 钢柱接地节点

名称	钢柱接地节点	构件编号	A-KJB01	模型说明	框架

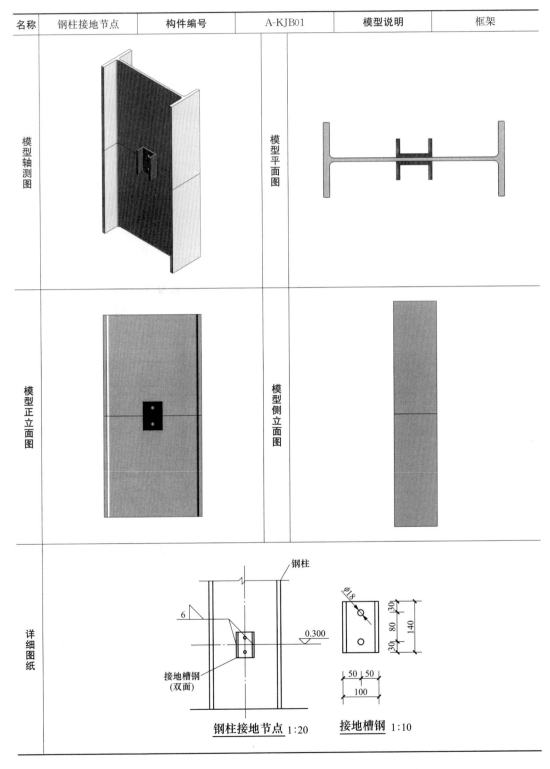

| 模型轴测图 | | 模型平面图 | |
| 模型正立面图 | | 模型侧立面图 | |

详细图纸

钢柱

6

0.300

接地槽钢
（双面）

φ18

30
80
30
140

50　50
100

钢柱接地节点 1:20　　**接地槽钢** 1:10

A-KJC01 H型钢梁柱拼接

名称	H 型钢梁柱拼接	构件编号	A-KJC01	模型说明	框架

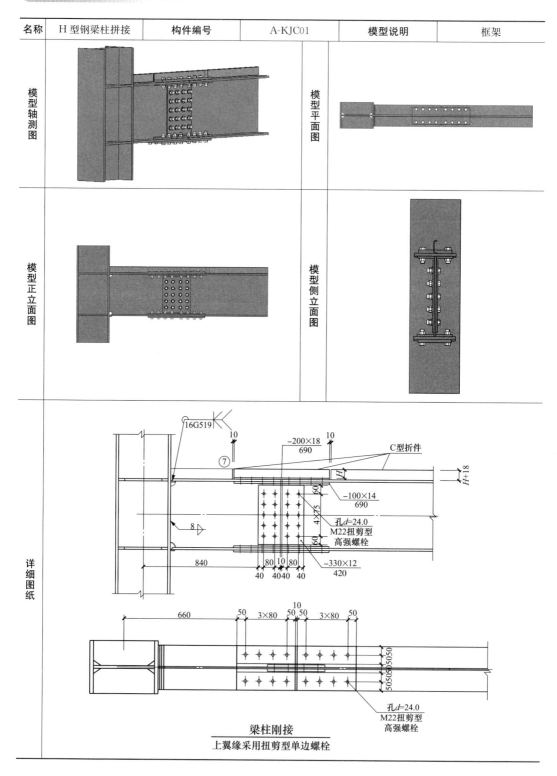

模型轴测图		模型平面图	
模型正立面图		模型侧立面图	
详细图纸			

梁柱刚接
上翼缘采用扭剪型单边螺栓

A-KJD01 钢梁端头加固

名称	钢梁端头加固	构件编号	A-KJD01	模型说明	框架

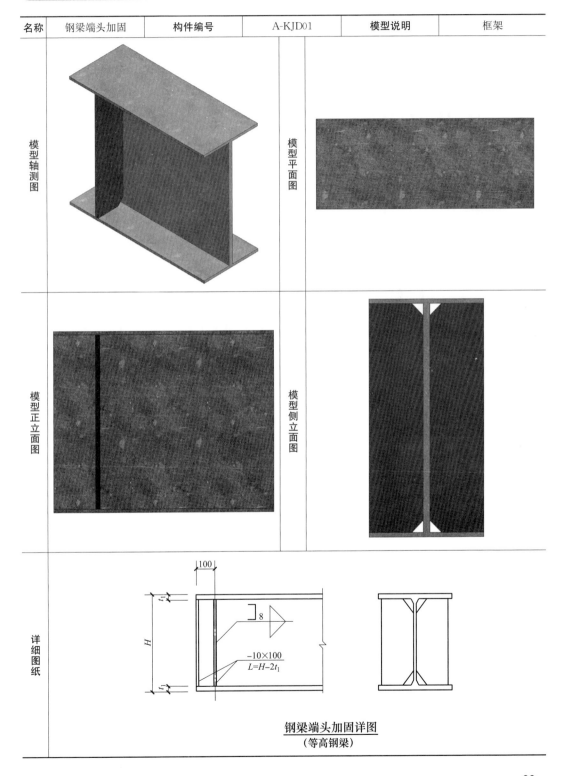

模型轴测图	模型平面图
模型正立面图	模型侧立面图
详细图纸	

钢梁端头加固详图
(等高钢梁)

A-KJE01 梁上栓钉节点

名称	梁上栓钉节点	构件编号	A-KJE01	模型说明	框架

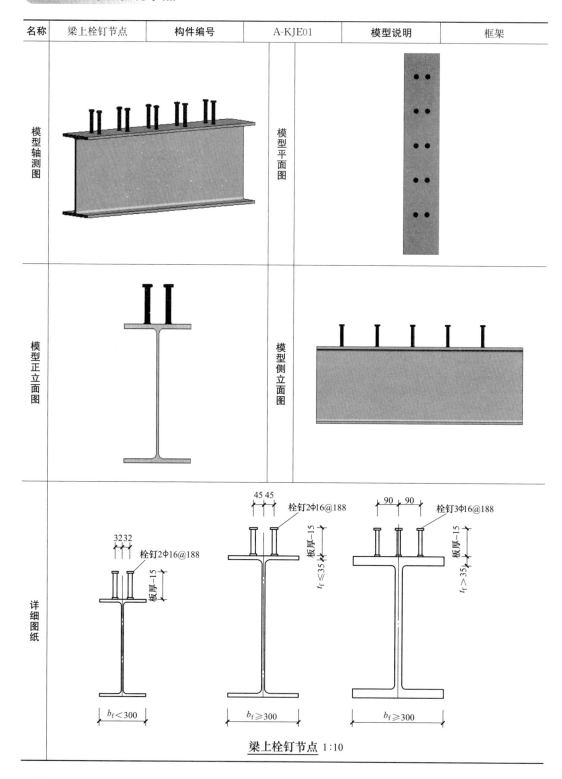

梁上栓钉节点 1:10

A-KJF01 隅撑

名称	隅撑	构件编号	A-KJF01	模型说明	框架

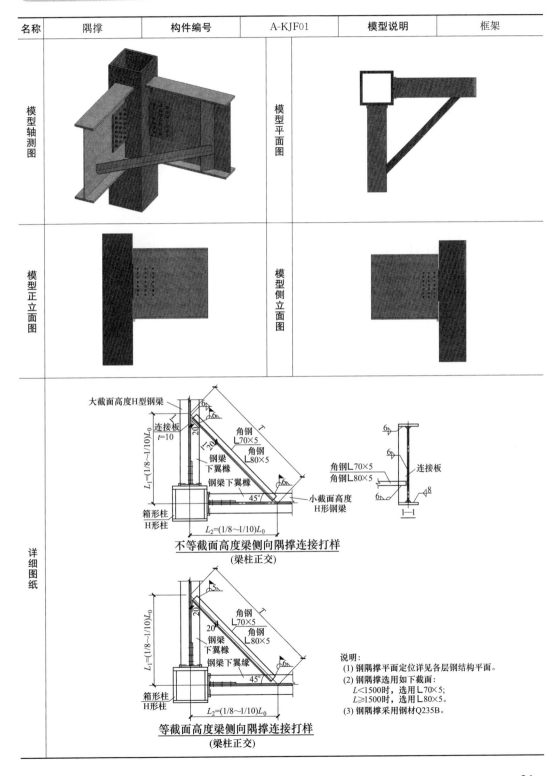

说明：
(1) 钢隅撑平面定位详见各层钢结构平面。
(2) 钢隅撑选用如下截面：
　　$L<1500$时，选用L70×5；
　　$L≥1500$时，选用L80×5。
(3) 钢隅撑采用钢材Q235B。

A-KJG01 梁柱交接节点

名称	梁柱交接节点	构件编号		A-KJG01	模型说明	框架

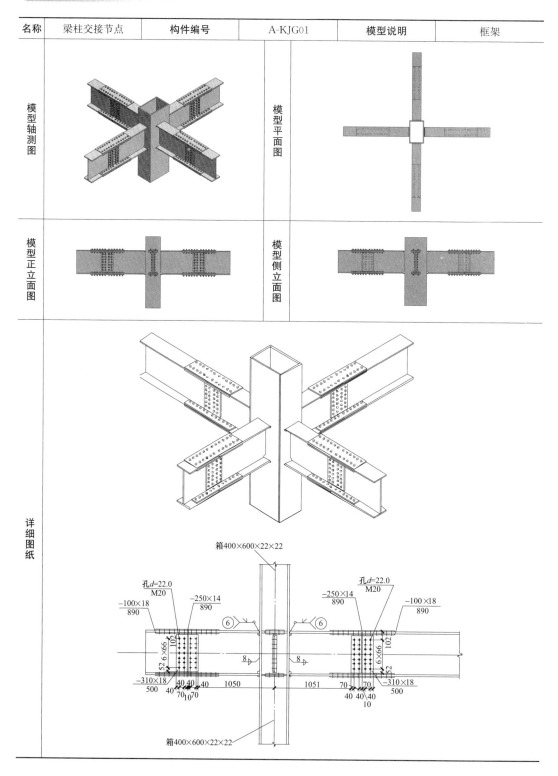

名称	梁柱交接节点	构件编号	A-KJG01	模型说明	框架

详细图纸

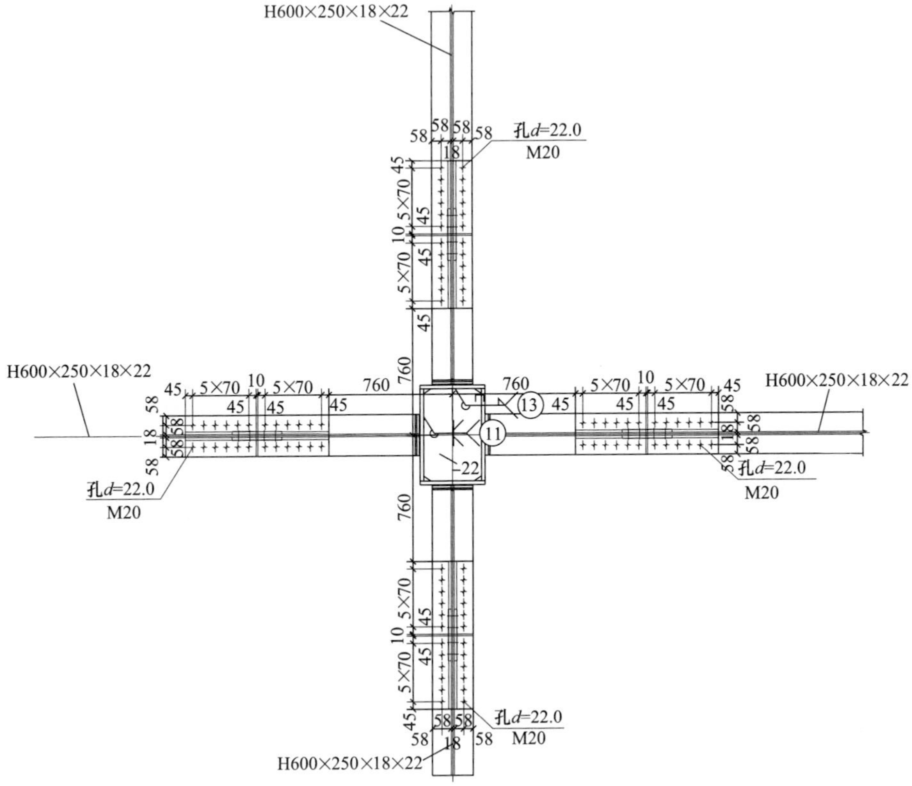

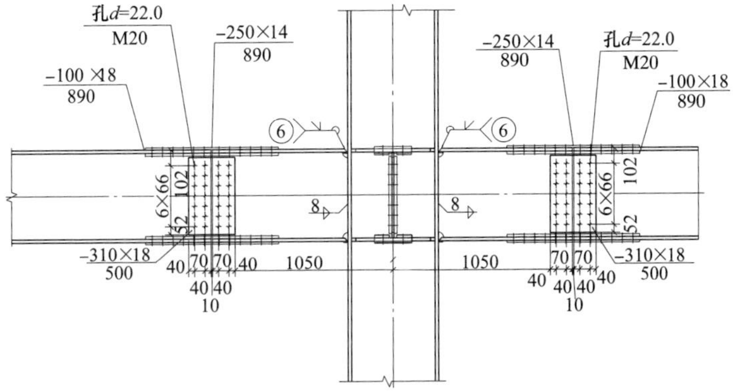

H600×250×18×22

孔d=22.0
M20

H600×250×18×22

H600×250×18×22

孔d=22.0
M20

孔d=22.0
M20

H600×250×18×22

5.3 楼面

A-LMA01 压型钢板边缘节点

名称	压型钢板边缘节点	构件编号	A-LMA01	模型说明	楼面
模型轴测图			模型平面图		
模型正立面图			模型侧立面图		

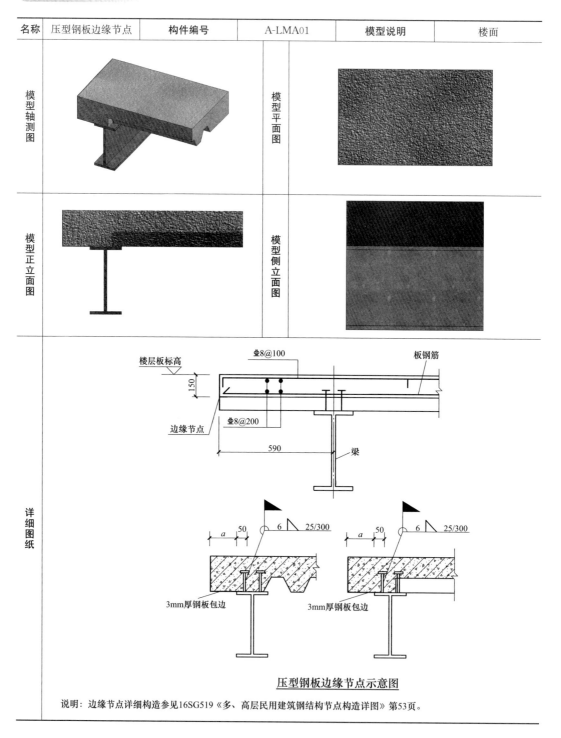

压型钢板边缘节点示意图

说明：边缘节点详细构造参见16SG519《多、高层民用建筑钢结构节点构造详图》第53页。

A-LMB01 楼板钢筋断面

名称	楼板钢筋断面	构件编号		A-LMB01	模型说明	楼板

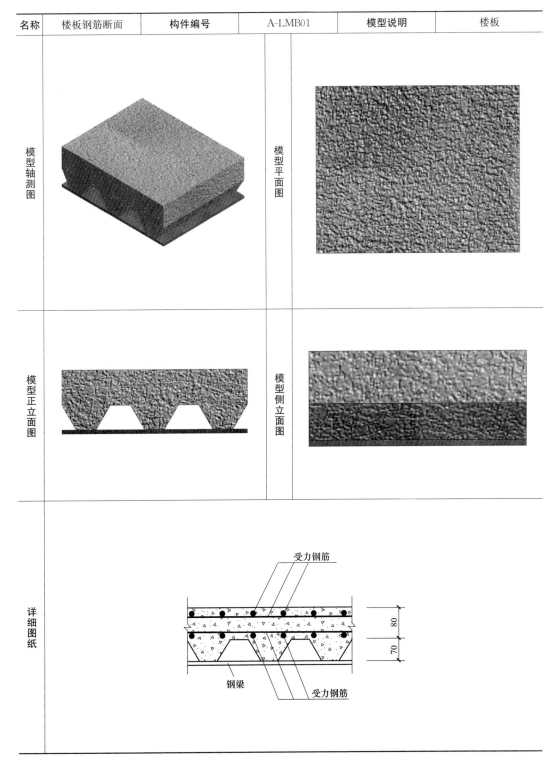

模型轴测图	模型平面图
模型正立面图	模型侧立面图
详细图纸	

受力钢筋

钢梁　受力钢筋

80

70

5.4 屋面

A-WMG01 楼承板中间节点钢筋桁架平行梁

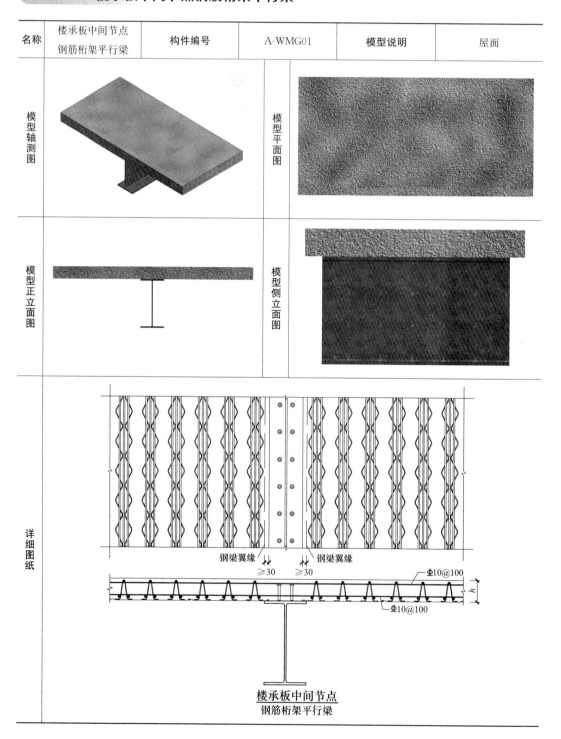

名称	楼承板中间节点钢筋桁架平行梁	构件编号	A-WMG01	模型说明	屋面
模型轴测图			模型平面图		
模型正立面图			模型侧立面图		
详细图纸					

A-WMH01 楼承板中间节点钢筋桁架垂直梁

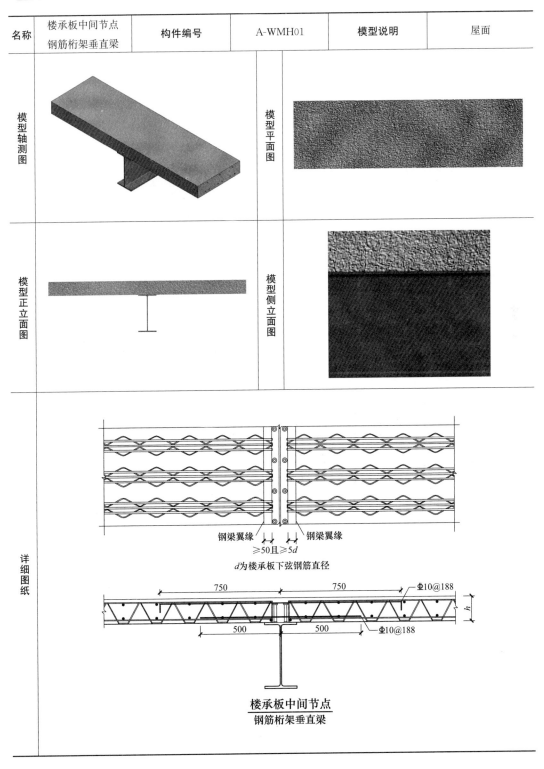

名称	楼承板中间节点 钢筋桁架垂直梁	构件编号	A-WMH01	模型说明	屋面

钢梁翼缘　　　钢梁翼缘
≥50且≥5d
d为楼承板下弦钢筋直径

750　　　750　　Φ10@188
500　　500　　Φ10@188

楼承板中间节点
钢筋桁架垂直梁

A-WMI01 楼承板中间节点楼板连续

名称	楼承板中间节点楼板连续	构件编号	A-WMI01	模型说明	屋面

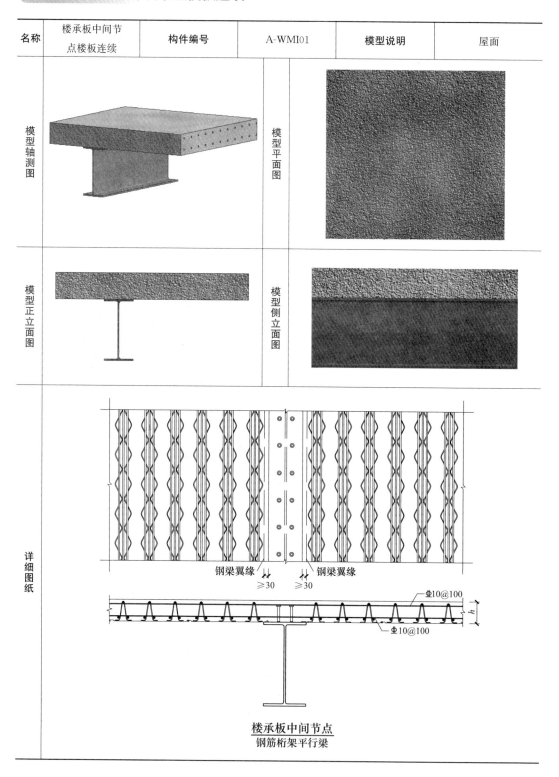

钢梁翼缘 ≥30   ≥30 钢梁翼缘

Φ10@100

Φ10@100

楼承板中间节点
钢筋桁架平行梁

A-WMJ01 梁柱连接加强筋

名称	梁柱连接加强筋	构件编号	A-WMJ01	模型说明	屋面

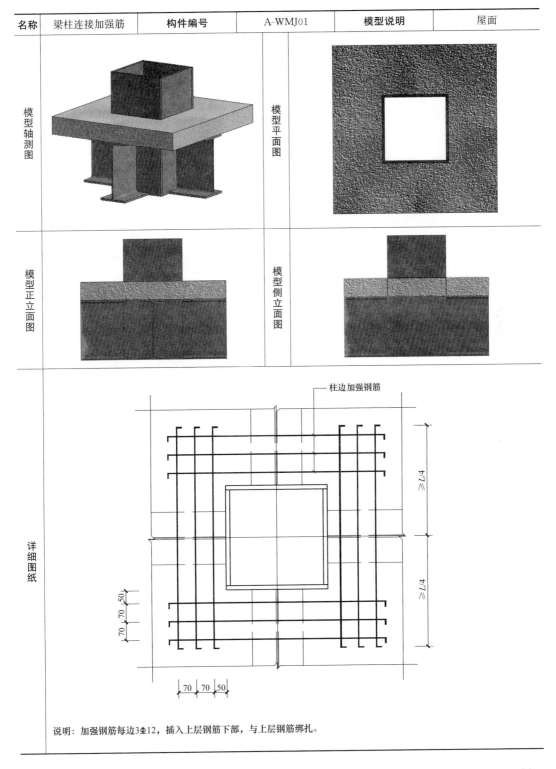

说明：加强钢筋每边3Φ12，插入上层钢筋下部，与上层钢筋绑扎。

A-WMK01 垂直主筋方向板边节点

名称	垂直主筋方向 板边节点	构件编号	A-WMK01	模型说明	屋面

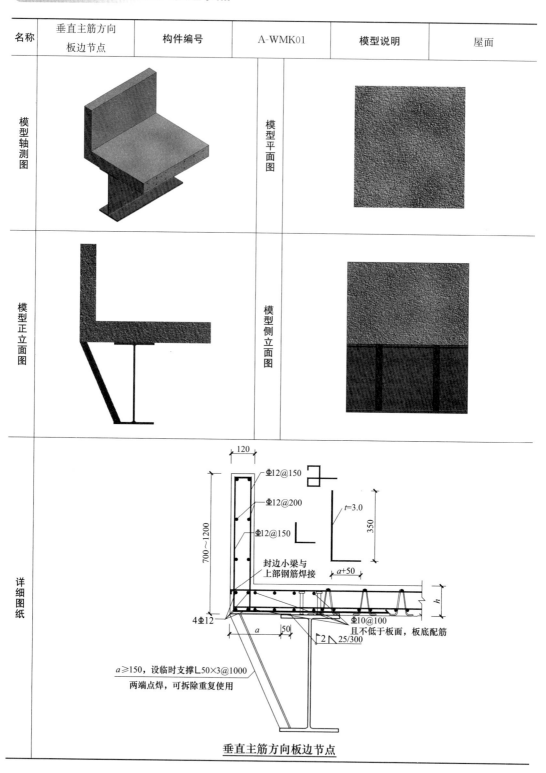

模型轴测图		模型平面图	
模型正立面图		模型侧立面图	

详细图纸

垂直主筋方向板边节点

A-WML01 平行主筋方向板边节点

名称	平行主筋方向板边节点	构件编号	A-WML01	模型说明	屋面

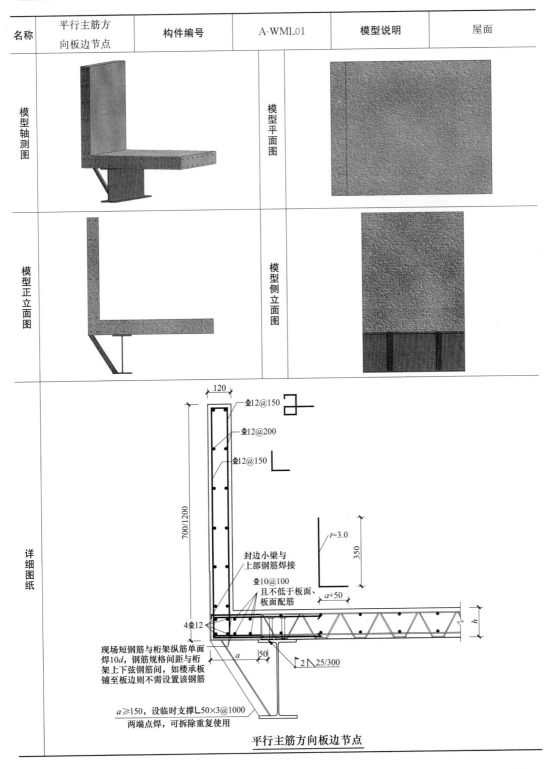

平行主筋方向板边节点

A-WMM01 支座钢筋

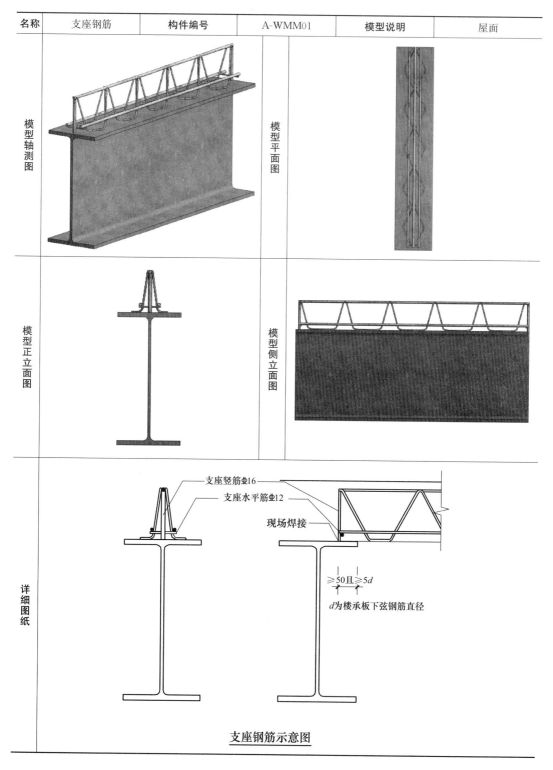

名称	支座钢筋	构件编号	A-WMM01	模型说明	屋面
模型轴测图			模型平面图		
模型正立面图			模型侧立面图		
详细图纸					

支座竖筋Φ16
支座水平筋Φ12
现场焊接
≥50且≥5d
d为楼承板下弦钢筋直径

支座钢筋示意图

A-WMN01 屋顶水箱基础

名称	屋顶水箱基础	构件编号	A-WMN01	模型说明	屋面

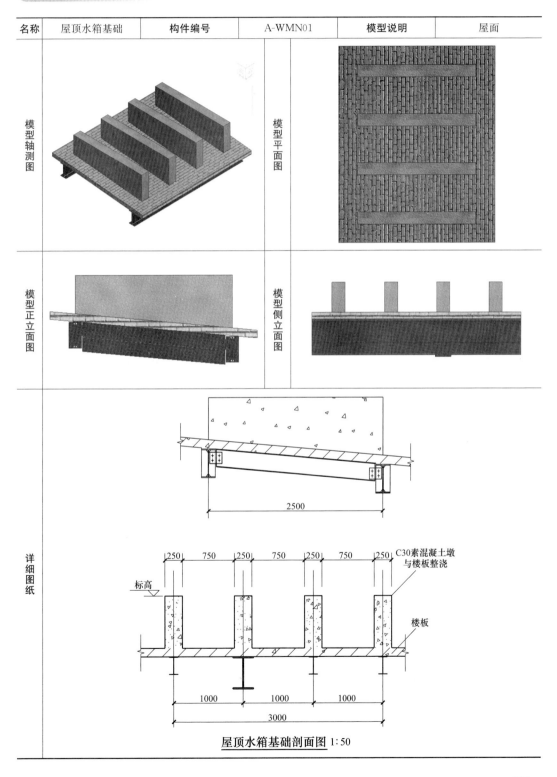

模型轴测图

模型平面图

模型正立面图

模型侧立面图

详细图纸

2500

250 750 250 750 250 750 250 C30素混凝土墩与楼板整浇

标高

1000 1000 1000

3000

楼板

屋顶水箱基础剖面图 1:50

5.5 墙面

A-QMA01 墙梁

名称	墙梁	构件编号	A-QMA01	模型说明	墙面

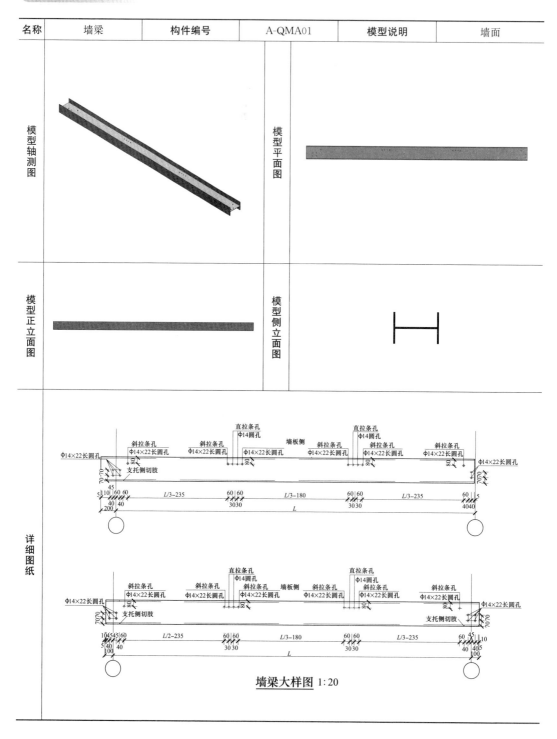

墙梁大样图 1:20

续表

名称	墙梁	构件编号	A-QMA01	模型说明	墙面

详细图纸

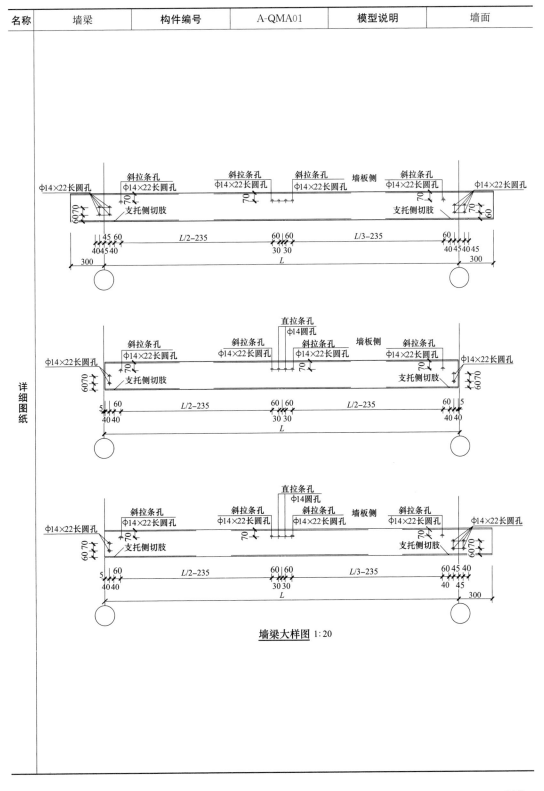

墙梁大样图 1:20

A-QMB01 墙梁支托

名称	墙梁支托	构件编号	A-QMB01	模型说明	墙面

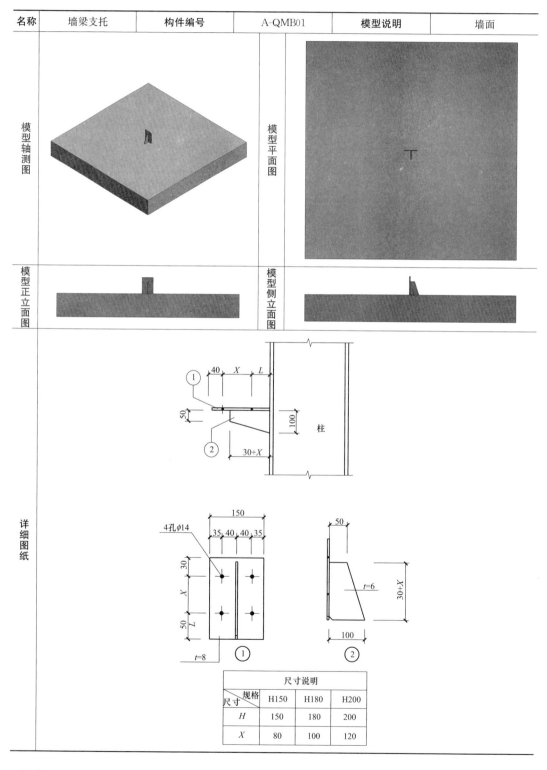

尺寸说明			
尺寸 \ 规格	H150	H180	H200
H	150	180	200
X	80	100	120

A-QMC01 墙梁与钢柱连接

名称	墙梁与钢柱连接	构件编号	A-QMC01	模型说明	墙面

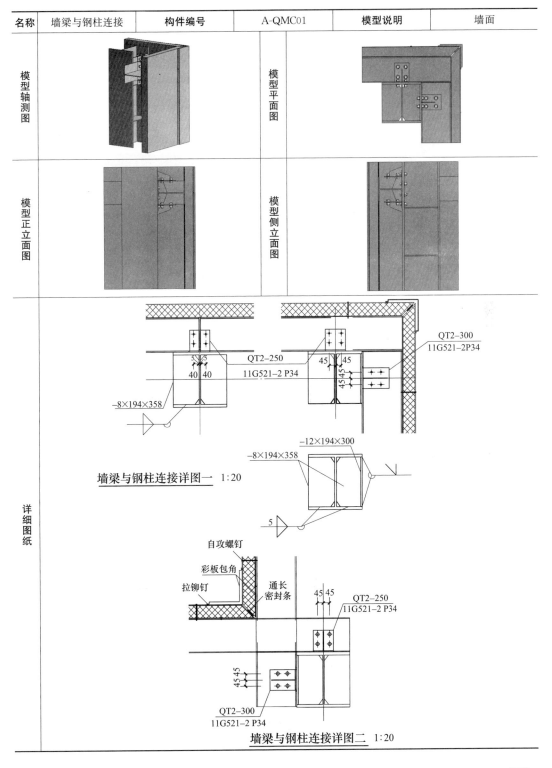

A-QMD01 拉条、 撑杆

名称	拉条、撑杆	构件编号	A-QMD01	模型说明	墙面

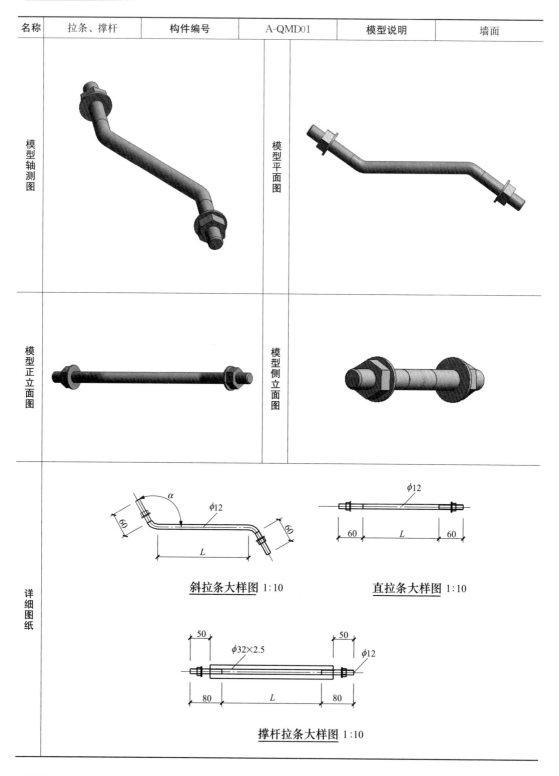

斜拉条大样图 1:10

直拉条大样图 1:10

撑杆拉条大样图 1:10

A-QME01 拉条与墙梁连接节点

名称	拉条与墙梁连接节点	构件编号	A-QME01	模型说明	墙面

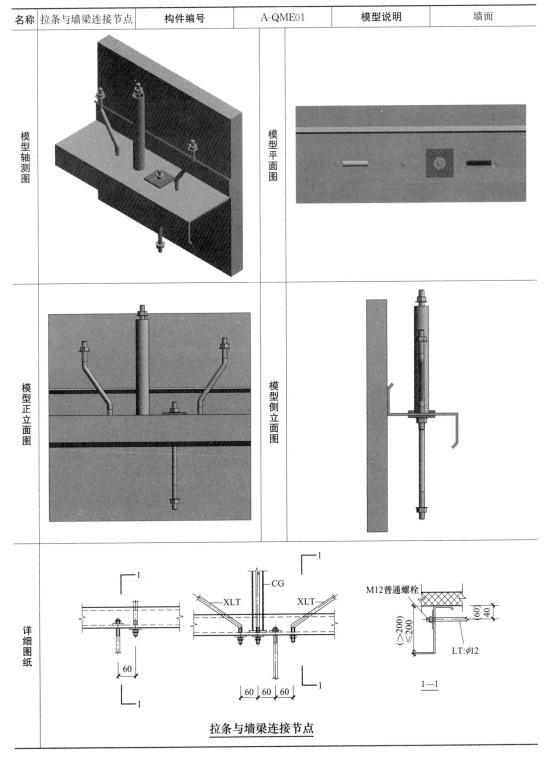

拉条与墙梁连接节点

A-QMF01 女儿墙柱节点

名称	女儿墙柱节点	构件编号	A-QMF01	模型说明	墙面

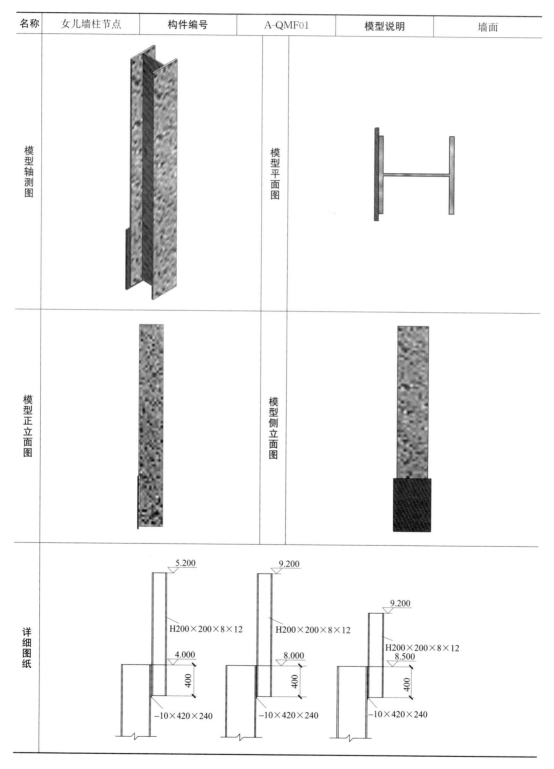

模型轴测图

模型平面图

模型正立面图

模型侧立面图

详细图纸

5.200

9.200

9.200

H200×200×8×12

H200×200×8×12

H200×200×8×12

4.000

8.000

8.500

400

400

400

−10×420×240

−10×420×240

−10×420×240

A-QMG01 外围护墙条形基础

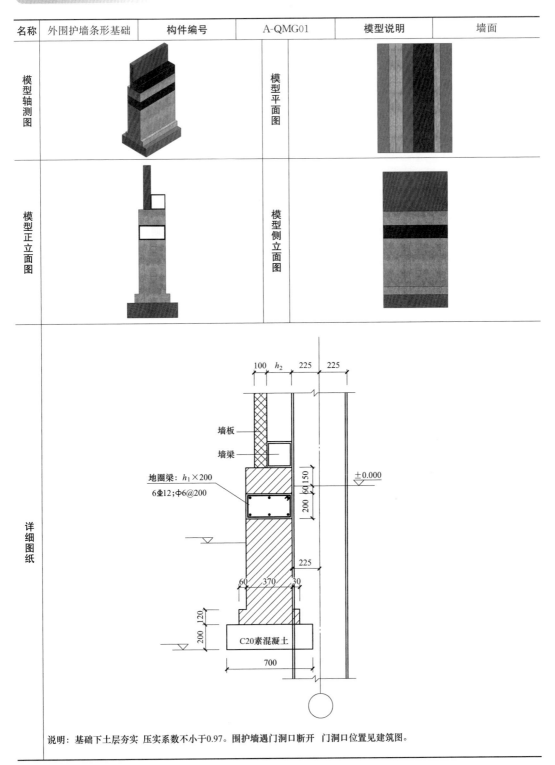

名称	外围护墙条形基础	构件编号	A-QMG01	模型说明	墙面
模型轴测图			模型平面图		
模型正立面图			模型侧立面图		

说明：基础下土层夯实 压实系数不小于0.97。围护墙遇门洞口断开 门洞口位置见建筑图。

第6章 配电装置楼埋件、沟道布置件

6.1 楼地面

B-LDA01 开关柜槽钢

名称	开关柜槽钢	构件编号	B-LDA01	模型说明	楼地面
模型轴测图			模型平面图		
模型正立面图			模型侧立面图		
详细图纸					

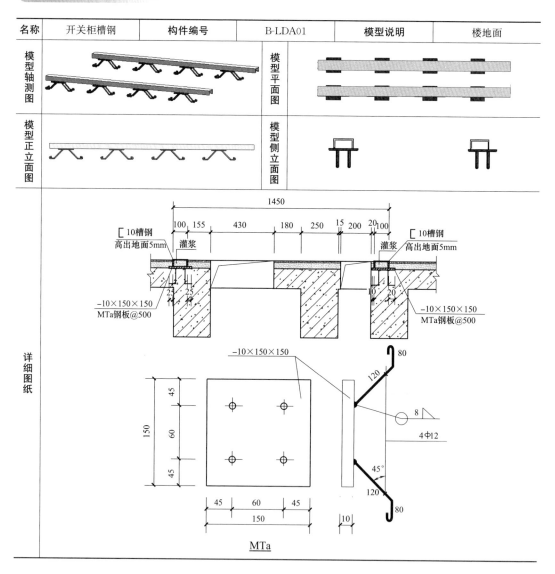

B-LDB01 花岗岩室内沟盖板

名称	花岗岩室内沟盖板	构件编号	B-LDB01	模型说明	楼地面

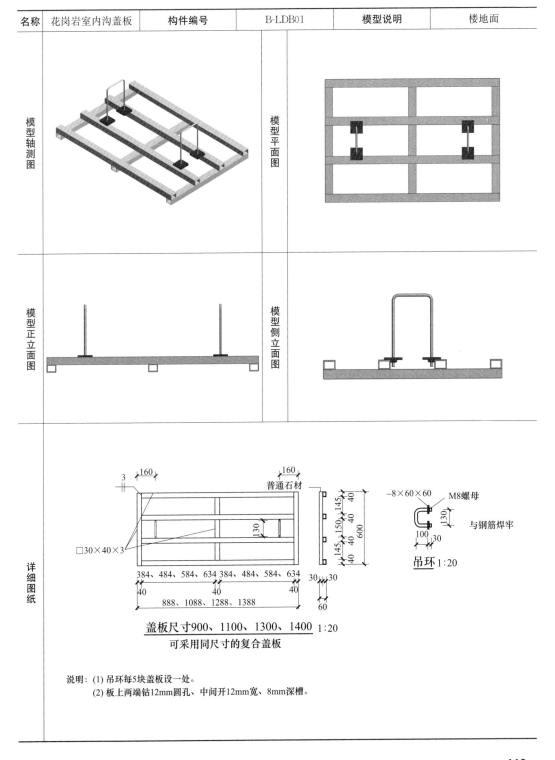

说明：(1) 吊环每5块盖板设一处。
　　　(2) 板上两端钻12mm圆孔、中间开12mm宽、8mm深槽。

B-LDC01GIS 通用埋件

名称	GIS 通用埋件	构件编号	B-LDC01	模型说明	楼地面

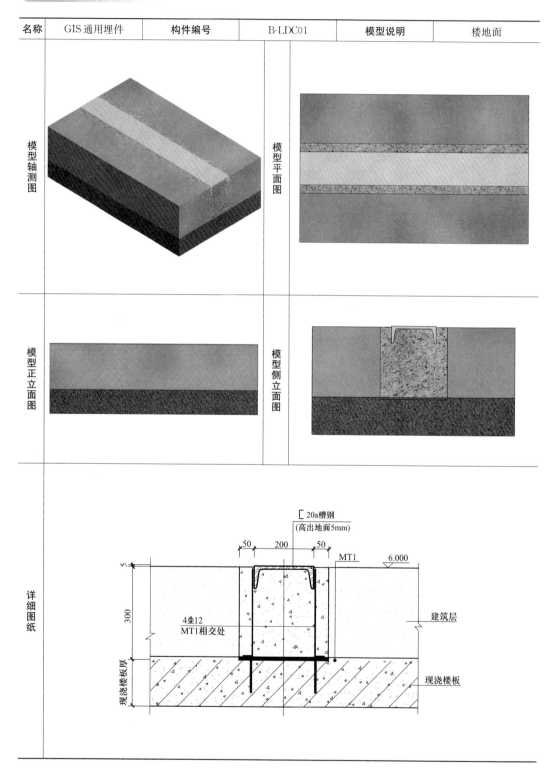

A-LDE01 楼面开洞

名称	楼面开洞	构件编号	A-LDE01	模型说明	楼地面

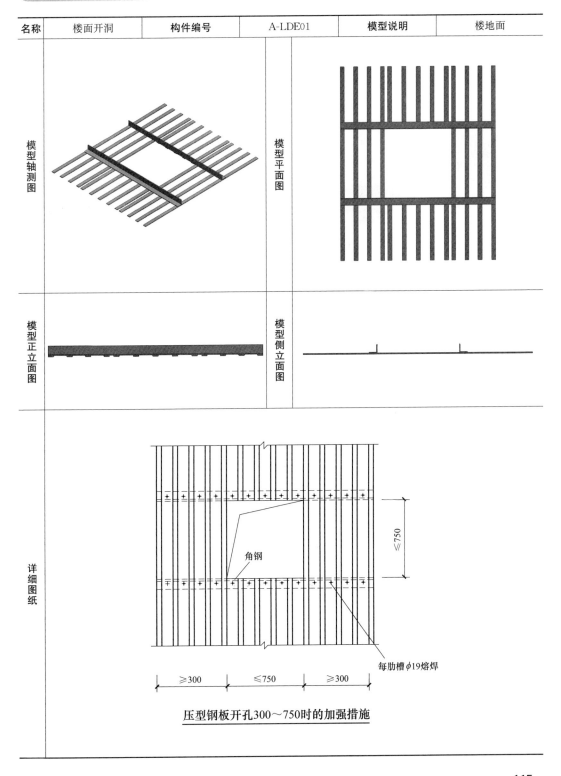

压型钢板开孔300～750时的加强措施

A-LDF01 二次设备间静电地板

名称	二次设备间静电地板	构件编号	A-LDF01	模型说明	楼地面

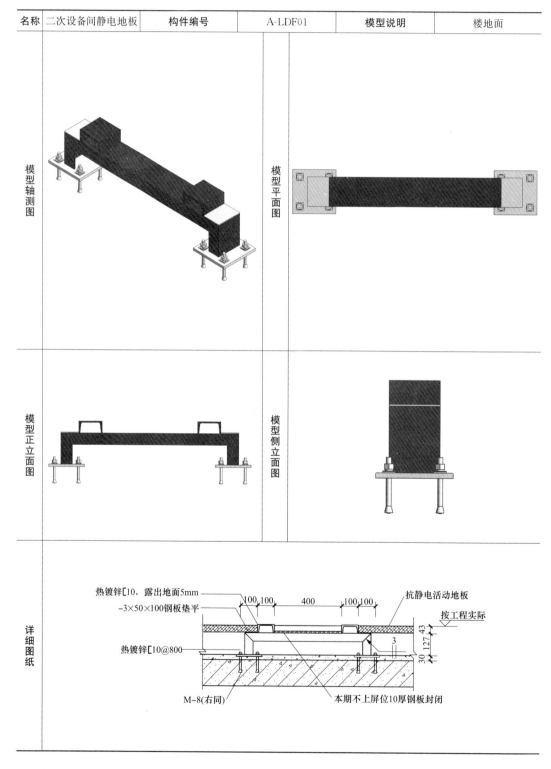

模型轴测图	模型平面图
模型正立面图	模型侧立面图
详细图纸	

热镀锌[10，露出地面5mm
−3×50×100钢板垫平
热镀锌[10@800
M−8(右同)

100 100   400   100 100

抗静电活动地板
按工程实际
30 127 43
3
本期不上屏位10厚钢板封闭

A-LDG01 二次设备间槽钢支架

名称	二次设备间槽钢支架	构件编号	A-LDG01	模型说明	楼地面

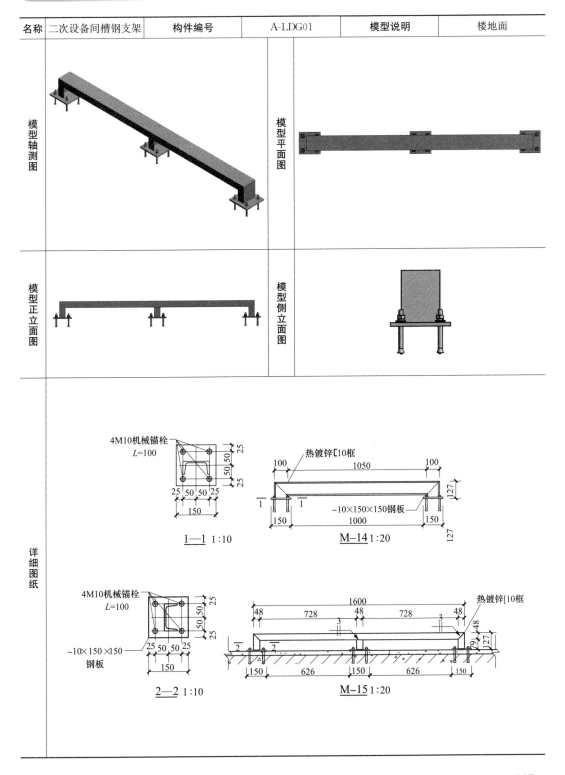

A-LDD01 GIS 电缆浅槽盖板

名称	GIS电缆浅槽盖板	构件编号	A-LDD01	模型说明	楼地面
模型轴测图			模型平面图		
模型正立面图			模型侧立面图		

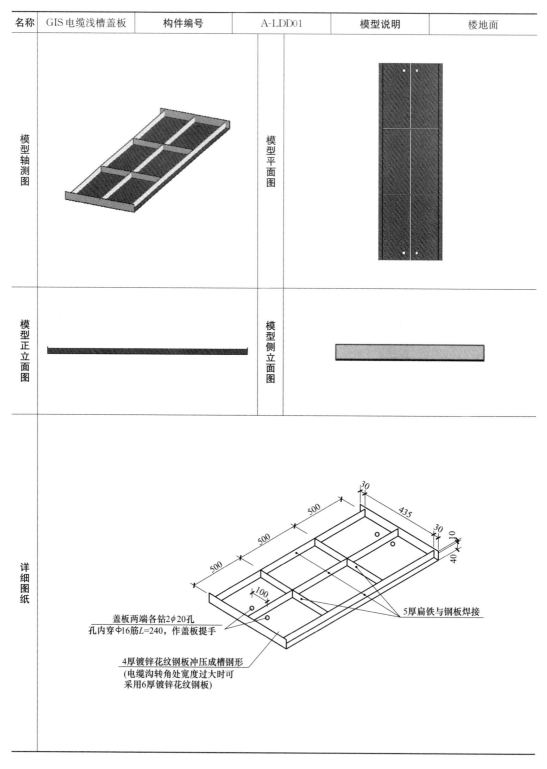

详细图纸

30
500
500
435
500
30
10
40
100

盖板两端各钻2φ20孔
孔内穿Φ16筋L=240，作盖板提手

5厚扁铁与钢板焊接

4厚镀锌花纹钢板冲压成槽钢形
(电缆沟转角处宽度过大时可
采用6厚镀锌花纹钢板)

6.2 屋顶

A-WDA01 导地线挂点

名称	导地线挂点	构件编号	A-WDA01	模型说明	屋顶

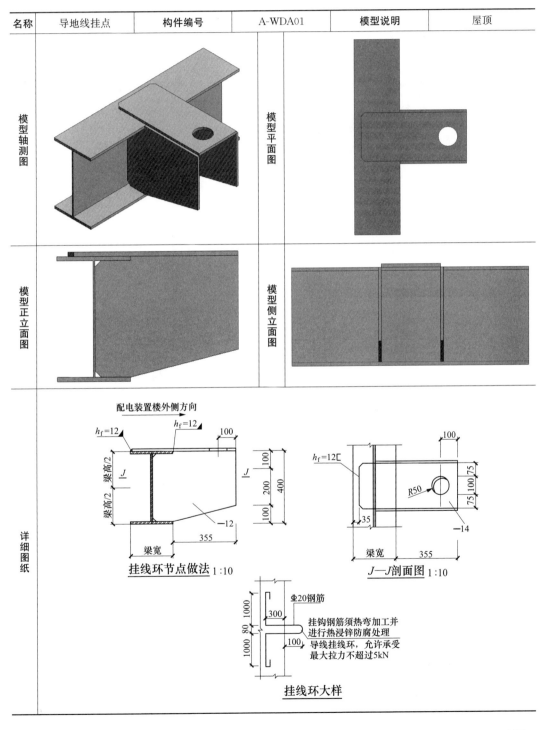

A-WDB01 GIS **吊点**

名称	GIS吊点	构件编号	A-WDB01	模型说明	屋顶

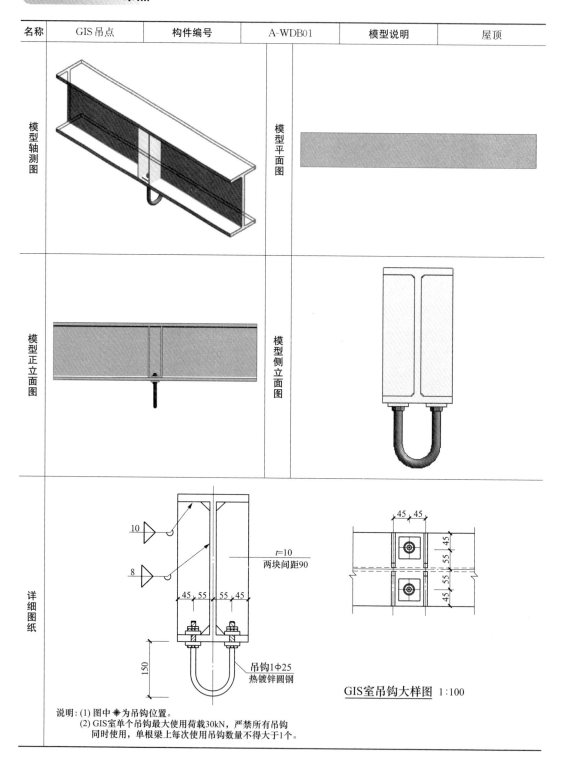

模型轴测图	
模型正立面图	
详细图纸	

$t=10$
两块间距90

45 55 55 45

吊钩1Φ25
热镀锌圆钢

150

45 45

45

55

55

45

GIS室吊钩大样图 1:100

模型平面图

模型侧立面图

说明：(1) 图中 ⊕ 为吊钩位置。
　　　(2) GIS室单个吊钩最大使用荷载30kN，严禁所有吊钩
　　　　 同时使用，单根梁上每次使用吊钩数量不得大于1个。

第 7 章　主变压器油坑、基础及防火墙

7.1　油坑

A-YKA01 油坑压顶

名称	油坑压顶	构件编号	A-YKA01	模型说明	油坑

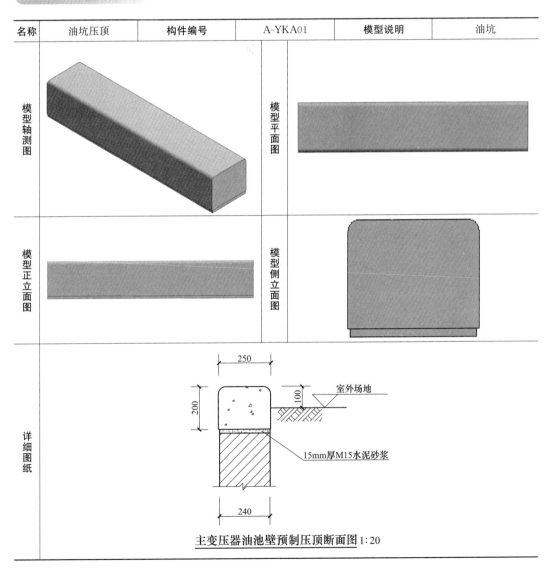

主变压器油池壁预制压顶断面图 1:20

7.2　主变压器基础

A-BJA01 预埋件

名称	预埋件	构件编号	A-BJA01	模型说明	主变压器基础

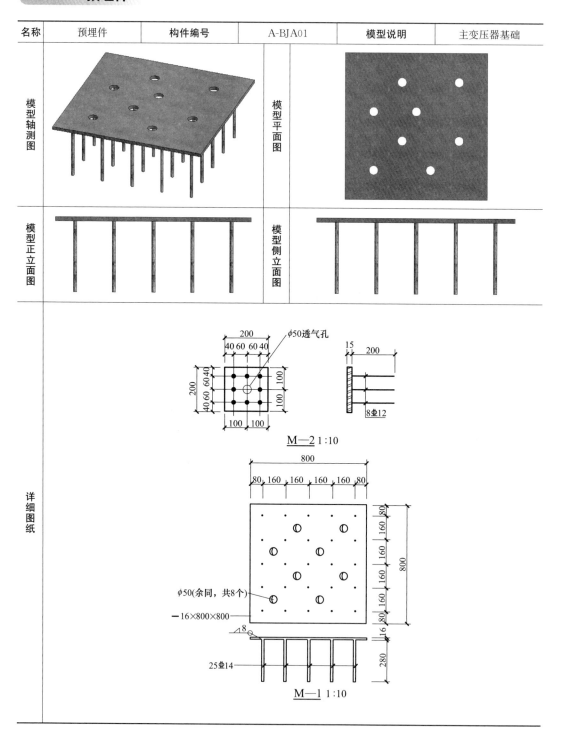

A-BJB01 钢格栅盖板

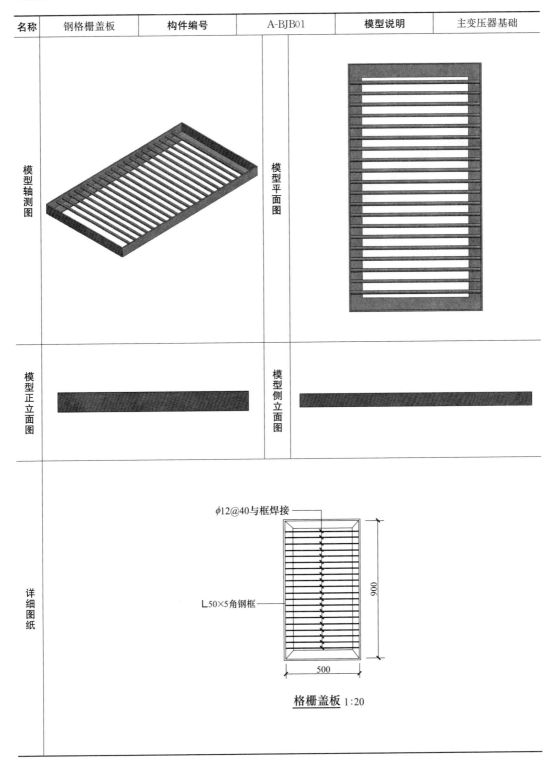

名称	钢格栅盖板	构件编号	A-BJB01	模型说明	主变压器基础

模型轴测图

模型平面图

模型正立面图

模型侧立面图

详细图纸

ϕ12@40与框焊接

L50×5角钢框

900

500

格栅盖板 1:20

A-BJC01 沉降观测点

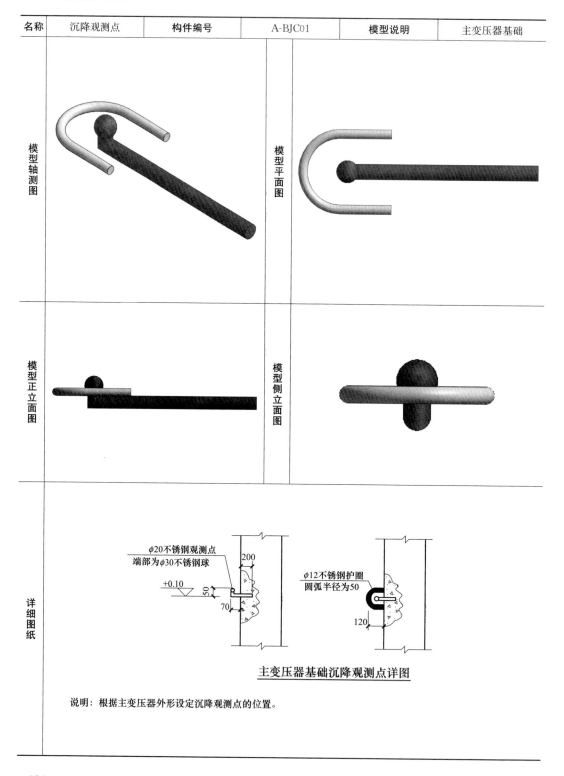

名称	沉降观测点	构件编号	A-BJC01	模型说明	主变压器基础

说明：根据主变压器外形设定沉降观测点的位置。

主变压器基础沉降观测点详图

7.3　主变压器防火墙

A-FHA01 柱

名称	柱	构件编号	A-FHA01	模型说明	主变压器防火墙
模型轴测图					
模型平面图					
模型正立面图					
模型侧立面图					
详细图纸					

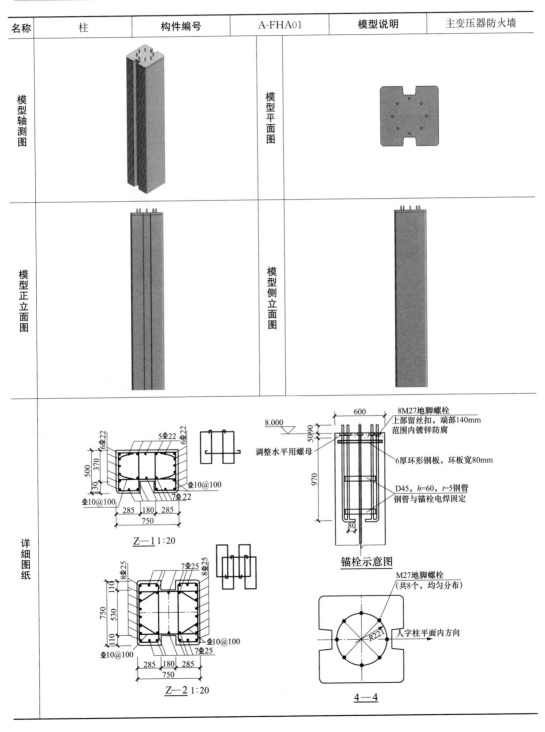

A-FHB01 墙板

名称	墙板	构件编号	A-FHB01	模型说明	主变压器防火墙

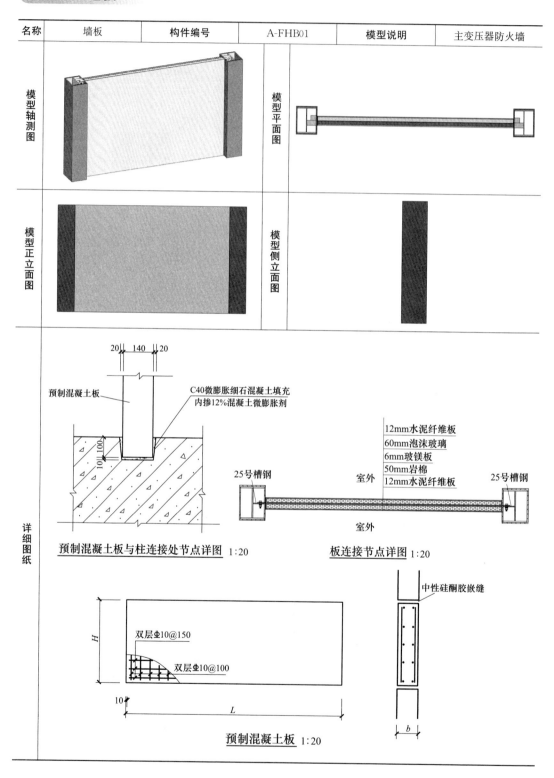

模型轴测图

模型平面图

模型正立面图

模型侧立面图

详细图纸

20 140 20

预制混凝土板

C40微膨胀细石混凝土填充
内掺12%混凝土微膨胀剂

10 100

预制混凝土板与柱连接处节点详图 1:20

12mm水泥纤维板
60mm泡沫玻璃
6mm玻镁板
50mm岩棉
12mm水泥纤维板

25号槽钢

室外

室外

25号槽钢

板连接节点详图 1:20

中性硅酮胶嵌缝

H

双层⫶10@150

双层⫶10@100

10

L

b

预制混凝土板 1:20

A-FHC01 压顶梁

名称	压顶梁	构件编号	A-FHC01	模型说明	主变压器防火墙

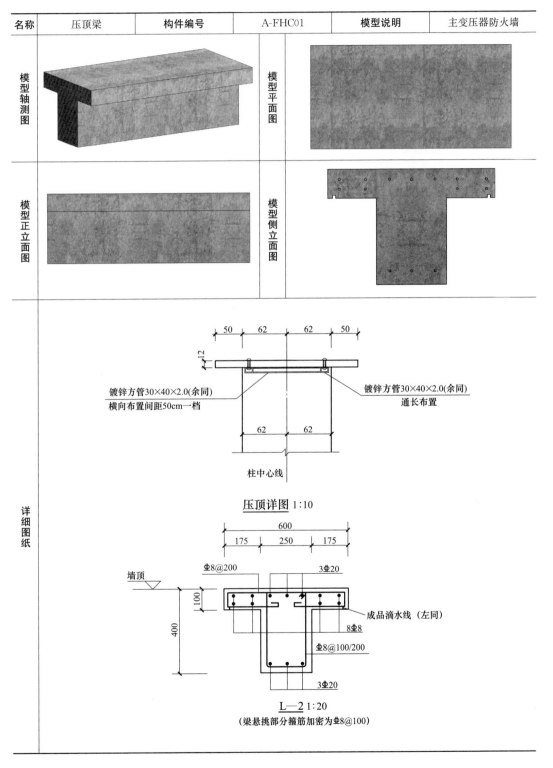

模型轴测图

模型平面图

模型正立面图

模型侧立面图

详细图纸

镀锌方管30×40×2.0(余同)
横向布置间距50cm一档

镀锌方管30×40×2.0(余同)
通长布置

柱中心线

压顶详图 1:10

墙顶

⊈8@200

3⊈20

成品滴水线（左同）

8⊈8

⊈8@100/200

3⊈20

L—2 1:20
(梁悬挑部分箍筋加密为⊈8@100)

127

A-FHD01 爬梯、护笼

名称	爬梯、护笼	构件编号	A-FHD01	模型说明	主变压器防火墙

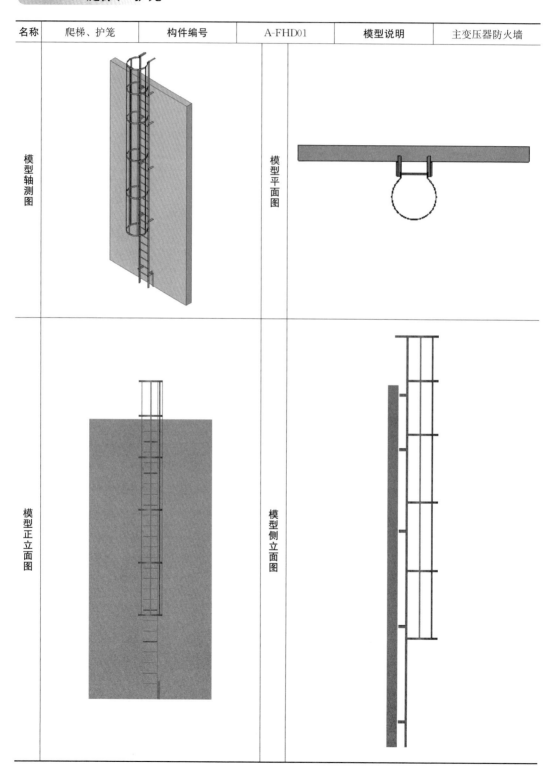

模型轴测图

模型平面图

模型正立面图

模型侧立面图

名称	爬梯、护笼	构件编号	A-FHD01	模型说明	主变压器防火墙

详细图纸

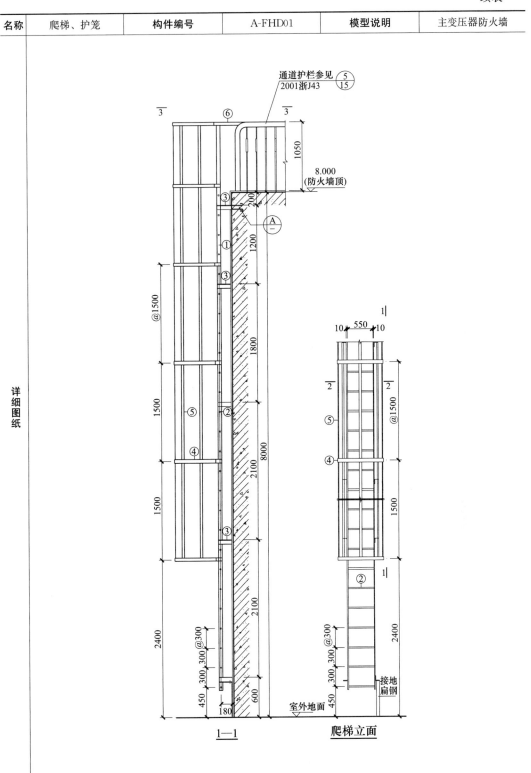

1—1

爬梯立面

名称	爬梯、护笼	构件编号	A-FHD01	模型说明	主变压器防火墙

详细图纸

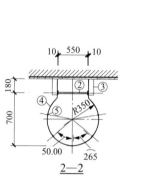

2—2

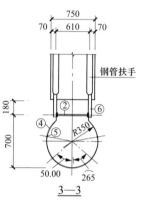

3—3

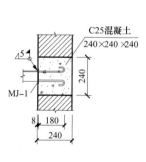

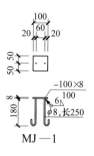

MJ—1

Ⓐ

编号	名称	规格	备注
1	梯梁	-60×10	
2	踏棍	$\phi 20$	@300
3	支撑	$\angle 70 \times 6$	@2100
4	水平笼箍	-50×6	
5	立杆	-40×5	
6	横杆	$\angle 50 \times 5$	

7.4　电气箱体基础

A-XJC01 在线监测柜基础

名称	在线监测柜基础	构件编号	A-XJC01	模型说明	电气箱体基础

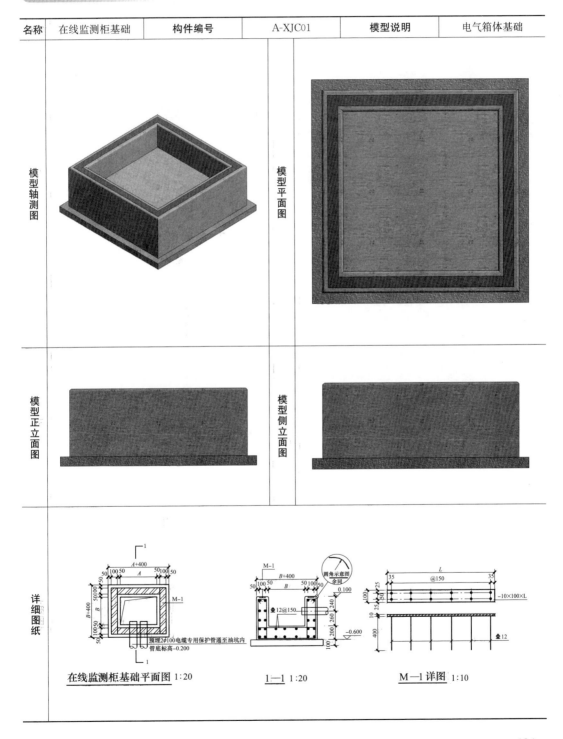

模型轴测图　模型平面图　模型正立面图　模型侧立面图　详细图纸

在线监测柜基础平面图 1:20　　　1—1 1:20　　　M—1详图 1:10

A-XJD01 智能组件柜基础

名称	智能组件柜基础	构件编号	A-XJD01	模型说明	电气箱体基础

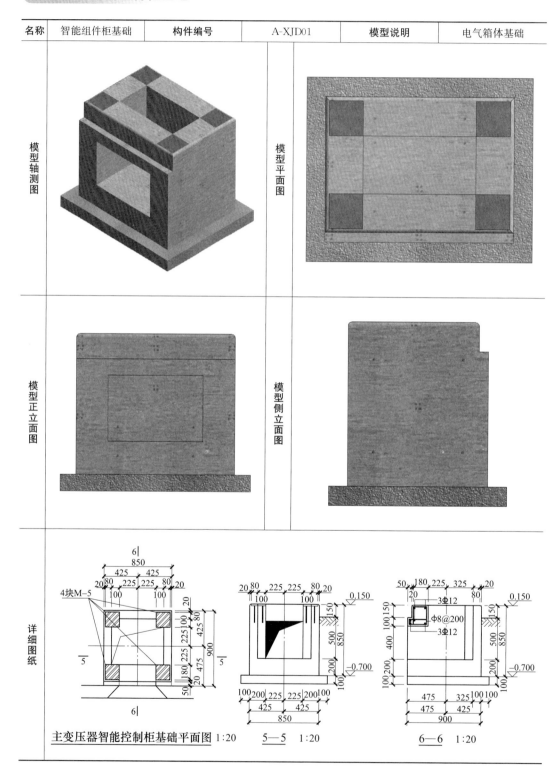

主变压器智能控制柜基础平面图 1:20

5—5 1:20

6—6 1:20

A-XJE01 主变压器风冷控制箱基础

名称	主变压器风冷控制箱基础	构件编号	A-XJE01	模型说明	电气箱体基础

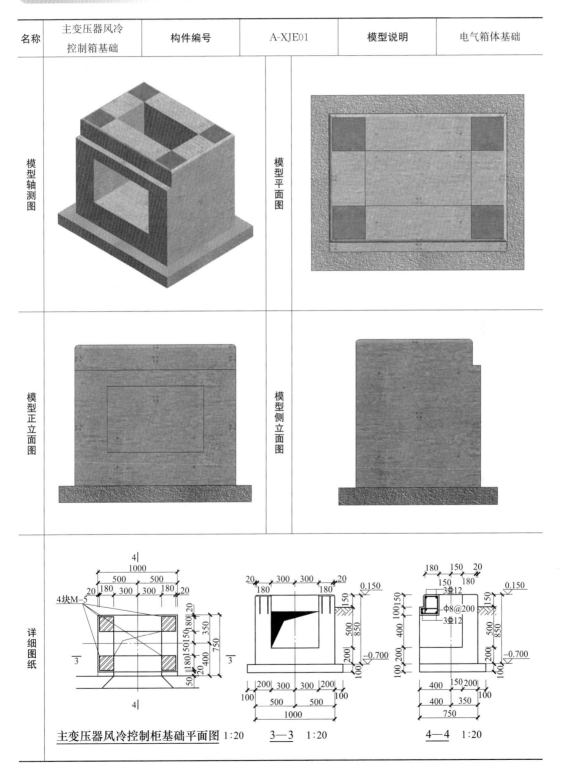

主变压器风冷控制柜基础平面图 1:20　　　3—3　1:20　　　4—4　1:20

A-XJF01 电源检修箱基础

名称	电源检修箱基础	构件编号	A-XJF01	模型说明	电气箱体基础

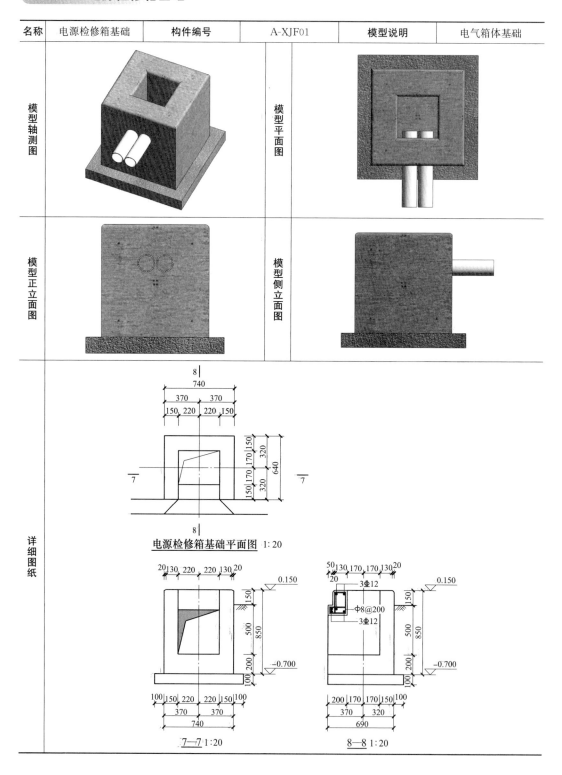

电源检修箱基础平面图 1:20

7—7 1:20

8—8 1:20

第8章 避雷针

A-LZA01 螺栓安装架

名称	螺栓安装架	构件编号	A-LZA01	模型说明	避雷针基础
模型轴测图	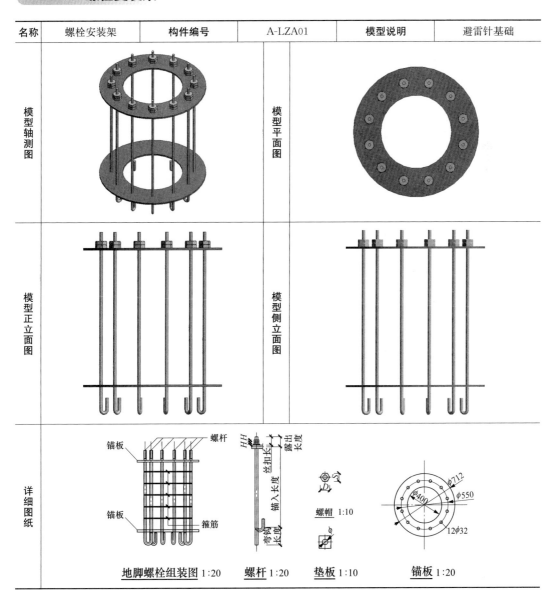				
模型平面图					
模型正立面图					
模型侧立面图					
详细图纸	地脚螺栓组装图 1:20　　螺杆 1:20　　垫板 1:10　　锚板 1:20				

135

第 9 章　构支架和接地井

9.1　构架

名称	出线构架节点	构件编号	A-GJA01	模型说明	构架
模型轴测图			模型平面图		
模型正立面图			模型侧立面图		

名称	出线构架节点	构件编号	A-GJA01	模型说明	构架

详细图纸

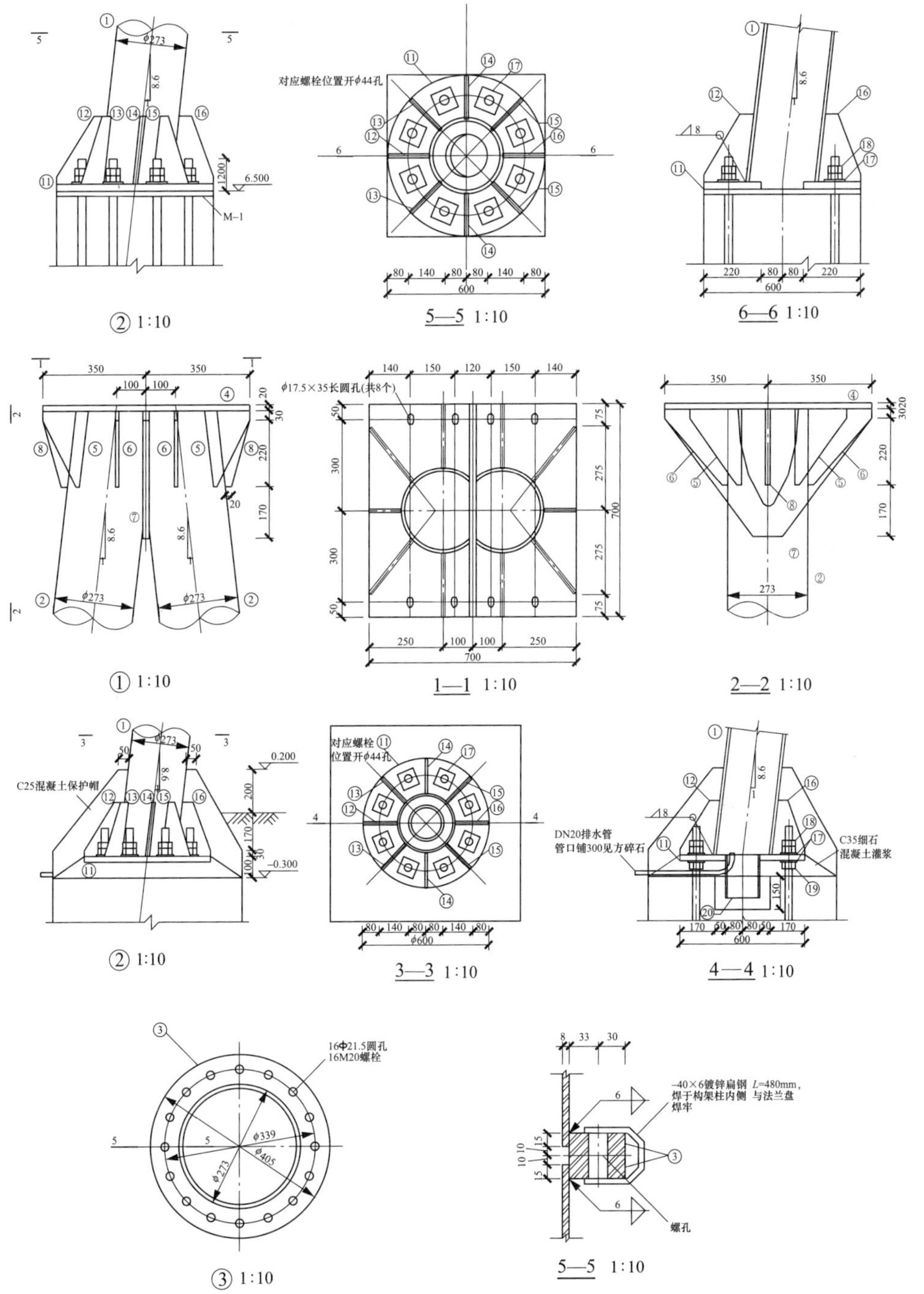

② 1:10

5—5 1:10

6—6 1:10

① 1:10

1—1 1:10

2—2 1:10

② 1:10

3—3 1:10

4—4 1:10

③ 1:10

5—5 1:10

9.2 支架

A-ZJA01 避雷器支架

名称	避雷器支架	构件编号	A-ZJA01	模型说明	支架

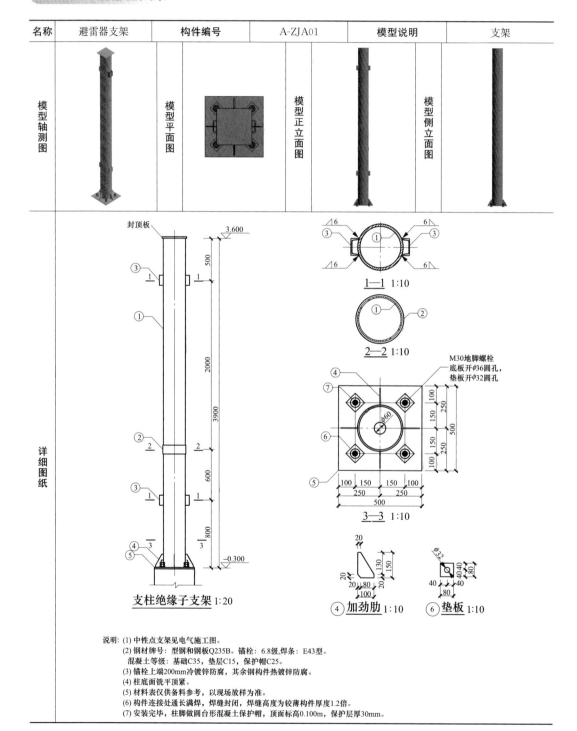

模型轴测图	模型平面图	模型正立面图	模型侧立面图

详细图纸

支柱绝缘子支架 1:20

封顶板
3.600

1—1 1:10

2—2 1:10

M30地脚螺栓
底板开ϕ36圆孔,
垫板开ϕ32圆孔

3—3 1:10

④ 加劲肋 1:10   ⑥ 垫板 1:10

说明: (1) 中性点支架见电气施工图。
(2) 钢材牌号：型钢和钢板Q235B。锚栓: 6.8级,焊条: E43型。
    混凝土等级：基础C35，垫层C15，保护帽C25。
(3) 锚栓上端200mm冷镀锌防腐，其余钢构件热镀锌防腐。
(4) 柱底面铣平顶紧。
(5) 材料表仅供备料参考，以现场放样为准。
(6) 构件连接处通长满焊，焊缝封闭，焊缝高度为较薄构件厚度1.2倍。
(7) 安装完毕，柱脚做圆台形混凝土保护帽，顶面标高0.100m，保护层厚30mm。

A-ZJB01 中性点支架

名称	中性点支架	构件编号		A-ZJB01	模型说明		支架
模型轴测图		模型平面图					
模型正立面图		模型侧立面图					

名称	中性点支架	构件编号	A-ZJB01	模型说明	支架

详细图纸

中性点接地支架 1:20

1—1 1:10

2—2 1:10

3—3 1:10

M24锚栓
底板⑤开φ30圆孔

② 接地槽钢 1:10

④ 加劲肋 1:10

⑥ 垫板 1:10

C15混凝土保护帽

中性点接地支架材料表(一根)

编号	规格	数量	长度(mm)	重量(kg)	总重(kg)
①	φ203×7	1	3828	129.50	
②	[10	2	120	2.40	
③	−5×100	4	670	10.59	
④	−8×100	4	150	3.77	173.58
⑤	−16×400	1	400	20.10	
⑥	−8×80	4	80	1.61	
⑦	M24螺母	8	--	0.71	
⑧	−10×250	1	250	4.91	

说明:
(1) 中性点支架见电气施工图。
(2) 钢材牌号:型钢和钢板Q235B。焊条:E43型。
(3) 柱底面铣平顶紧。
(4) 材料表仅供备料参考,以现场放样为准。
(5) 构件连接处通长满焊,焊缝封闭,焊缝高度为较薄构件厚度1.2倍。
(6) 安装完毕,柱脚按《国家电网公司输变电工程工艺标准库》做混凝土保护帽。

A-ZJC01 电缆终端支架

名称	电缆终端支架	构件编号	A-ZJC01	模型说明	支架
模型轴测图		模型平面图			
模型正立面图		模型侧立面图			

名称	电缆终端支架	构件编号	A-ZJC01	模型说明	支架

详细图纸

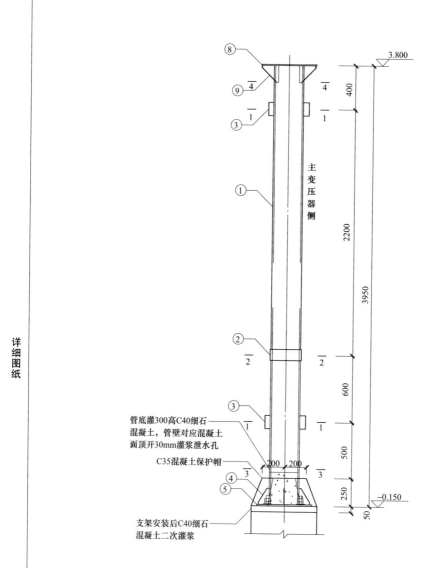

管底灌300高C40细石
混凝土，管壁对应混凝土
面顶开30mm灌浆泄水孔

C35混凝土保护帽

支架安装后C40细石
混凝土二次灌浆

主变压器侧

电缆终端支架 1:20

说明: (1) 中性点支架见电气施工图。
(2) 钢材牌号: 型钢和钢板Q235B。锚栓: Q355B焊条: E43型。混凝土等级:
基础C35, 垫层C20, 保护帽C35。
(3) 锚栓上端200mm冷镀锌防腐, 其余钢构件热镀锌防腐。
(4) 柱底面铣平顶紧。
(5) 材料表仅供备参考, 以现场放样为准。
(6) 构件连接处通长满焊, 焊缝封闭, 焊缝高度为较薄构件厚度1.2倍。
(7) 安装完毕, 柱脚按《国家电网公司输变电工程工艺标准库》做混凝土保护帽。

续表

名称	电缆终端支架	构件编号	A-ZJC01	模型说明	支架

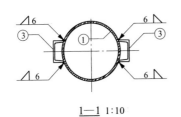

1—1 1:10

2—2 1:10

M30地脚螺栓
底板开 φ6圆孔，
垫板开 φ2圆孔

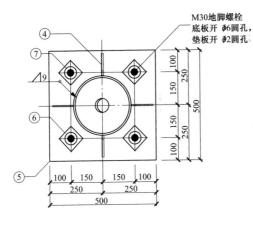

3—3 1:10

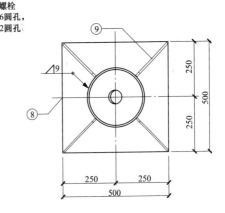

4—4 1:10

详细图纸

② 接地槽钢 1:10

④ 加劲肋 1:10

⑥ 垫板 1:10

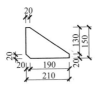

⑨ 加劲肋 1:10

电缆终端支架材料表(一根)					
编号	规格	数量	长度(mm)	重量(kg)	总量(kg)
①	φ273×8	1	3926	205.25	
②	−100×5	1	874	3.43	
③	[10	4	120	4.80	
④	−8×100	4	150	3.77	
⑤	−14×500	1	500	27.48	276.08
⑥	−8×80	4	80	1.61	
⑦	M30螺母	12	--	2.21	
⑧	−10×500	1	500	19.63	
⑨	−8×210	4	150	7.91	

A-ZJD01 母线桥支架

名称	母线桥支架	构件编号	A-ZJD01	模型说明	支架

模型轴测图		模型平面图	
模型正立面图		模型侧立面图	

续表

名称	母线桥支架	构件编号	A-ZJD01	模型说明	支架

详细图纸

4.100

300

主变压器侧

3300

4300

700

−0.200

主变压器低压侧全绝缘管母支架 1:20

② **接地槽钢** 1:10

③ **加劲肋** 1:10

⑤ **垫板** 1:10

1—1 1:10

M30地脚螺栓
底板开 φ36圆孔，垫脚开φ32圆孔

100 250 150 500 150 250 100

100 150 150 100
250 250
500

2—2 1:10

主变压器低压侧全绝缘管母支架材料表(一根)					
编号	规格	数量	长度(mm)	重量(kg)	总量(kg)
①	φ273×8	1	4274	223.44	
②	⊥10	4	120	4.80	
③	−8×100	4	150	3.77	
④	−16×500	1	500	31.40	279.06
⑤	−8×80	4	80	1.61	
⑥	−10×400	1	400	12.56	
⑦	M30螺母	8	——	1.48	

说明:
(1) 钢材牌号:型钢和钢板Q235B。焊条:E43型。
(2) 柱底面铣平顶紧。
(3) 材料表仅供备料参考,以现场放样为准。
(4) 构件连接处通长满焊,焊缝封闭,焊缝高度为较薄构件厚度1.2倍。
(5) 安装完毕,柱脚按《国家电网公司输变电工程工艺标准库》做混凝土保护帽。

145

续表

名称	母线桥支架	构件编号		A-ZJD01	模型说明		支架

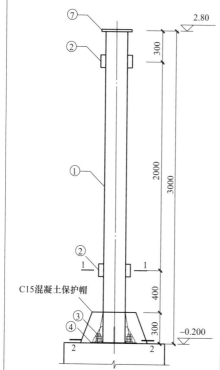

C15混凝土保护帽

主变低压侧全绝缘母支架 1:20

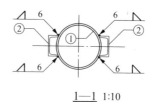

1—1 1:10

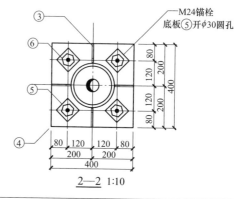

M24锚栓
底板⑤开φ30圆孔

2—2 1:10

②**接地槽钢** 1:10

③**加劲肋** 1:10

⑤**垫板** 1:10

主变压器低压侧全绝缘管母支架材料表(一根)					
编号	规格	数量	长度(mm)	重量(kg)	总量(kg)
①	φ219×7	1	2978	108.99	
②	[10	4	120	4.80	
③	−8×100	4	150	3.77	
④	−16×400	1	400	20.10	147.74
⑤	−8×80	4	80	1.61	
⑥	M24螺母	8	——	0.71	
⑦	−10×400	1	400	7.76	

说明:
(1) 钢管应符合GB/T 14975—2012、GB/T 17395—2008要求,型钢应符合GB/T 706—2008要求,钢板应符合GB/T 4237—2015要求,钢材编号均为06Cr19Ni10。
(2) 焊接可参照SH/T3558—2016、SH/T3523—2009相关条款进行,填充金属可采用E308型(GB/T 983—2012)焊条或H08Cr21Ni10Mn6型(YB/T 5092—2016)焊丝,加工中尽量避免常温塑性变性,焊接中宜采用氩氩混合气体保护焊等工艺促进焊缝奥氏体组织形成,减少铁素体及马氏体组织形成。焊缝按GB/T 1954—2008检测的铁素体含量控制在3～8FN之间,成品磁导率不宜 大于1.6,以避免支架运行温度过高。
(3) 柱底面铣平顶紧。
(4) 材料表仅供备料参考,以现场放样为准。
(5) 构件连接处通长满焊,焊缝封闭,焊缝高度为较薄构件厚度1.2倍。
(6) 安装完毕,柱脚按《国家电网公司输变电工程工艺标准库》做混凝土保护帽。

详细图纸

9.3　接地井

A-JJA01 接地小井

名称	接地小井	构件编号	A-JJA01	模型说明	接地井

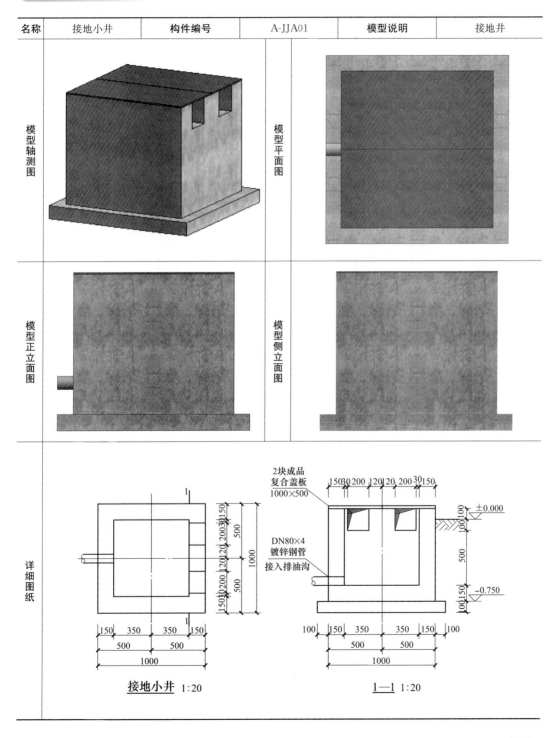

接地小井 1:20

1—1 1:20

第 10 章　站区给排水装置

A-SJA01 事故油池通气管

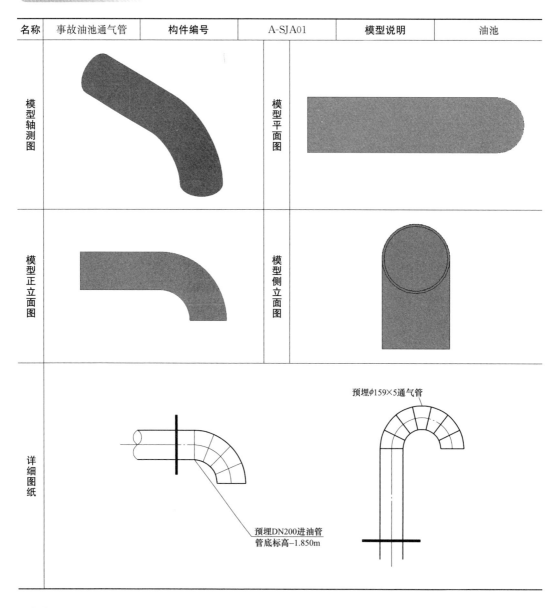

名称	事故油池通气管	构件编号	A-SJA01	模型说明	油池
模型轴测图			模型平面图		
模型正立面图			模型侧立面图		
详细图纸					

预埋φ159×5通气管

预埋DN200进油管
管底标高−1.850m

第 11 章 喷 淋 装 置

11.1 支架

A-PZA01 支架及基础

名称	支架及基础	构件编号	A-PZA01	模型说明	支架
模型轴测图			模型平面图		
模型正立面图			模型侧立面图		

名称	支架及基础	构件编号	A-PZA01	模型说明	支架

详细图纸

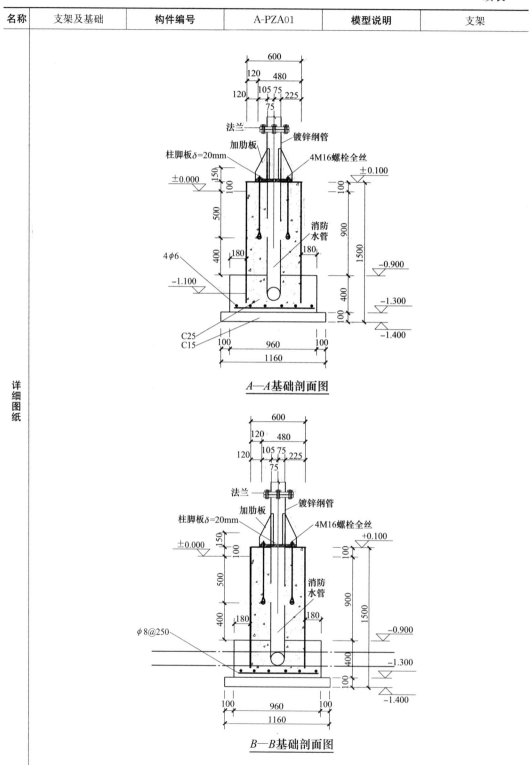

*A—A*基础剖面图

*B—B*基础剖面图

名称	支架及基础	构件编号	A-PZA01	模型说明	支架

详细图纸

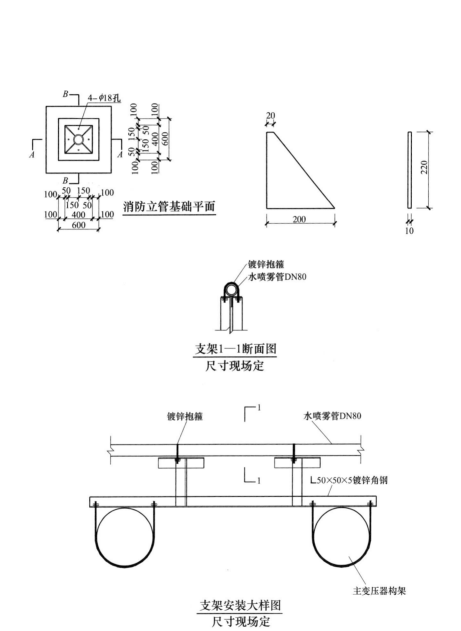

消防立管基础平面

支架1—1断面图
尺寸现场定

支架安装大样图
尺寸现场定

11.2 喷头

A-PTA01 喷头

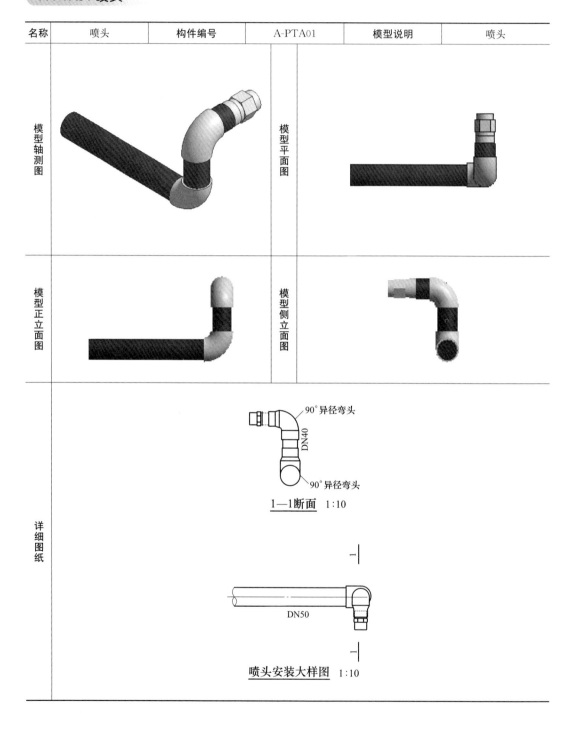

名称	喷头	构件编号	A-PTA01	模型说明	喷头

第 12 章　消防水池、泵房

12.1　吊车轨道

名称	轨道连接节点	构件编号	A-DDA01	模型说明	吊车轨道
模型轴测图		模型平面图			
模型正立面图		模型侧立面图			

153

名称	轨道连接节点	构件编号	A-DDA01	模型说明	吊车轨道

详细图纸

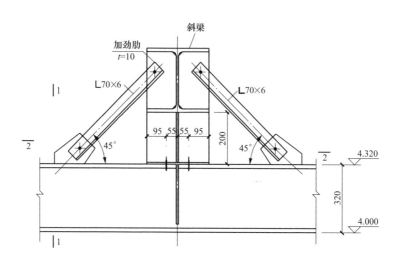

A 轨道连接节点 1:20

说明：详参见图集07SG359-5《悬挂运输设备轨道》第45页节点8。

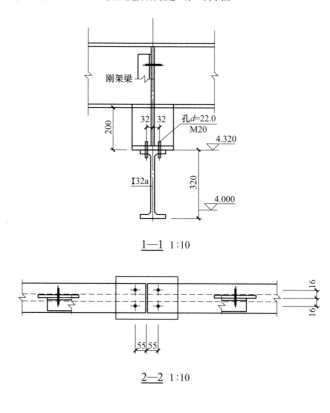

1—1 1:10

2—2 1:10

名称	轨道连接节点	构件编号	A-DDA01	模型说明	吊车轨道

详细图纸

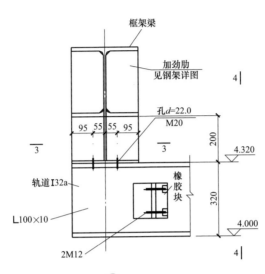

B 轨道连接节点 1:10

说明：详参见图集07SG359–5《悬挂运输设备轨道》第43页节点4。

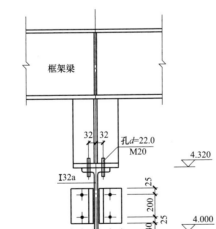

1:10

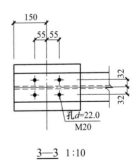

3—3 1:10

155

12.2 检修孔

A-JKA01 检修孔

名称	检修孔	构件编号	A-JKA01	模型说明	检修孔

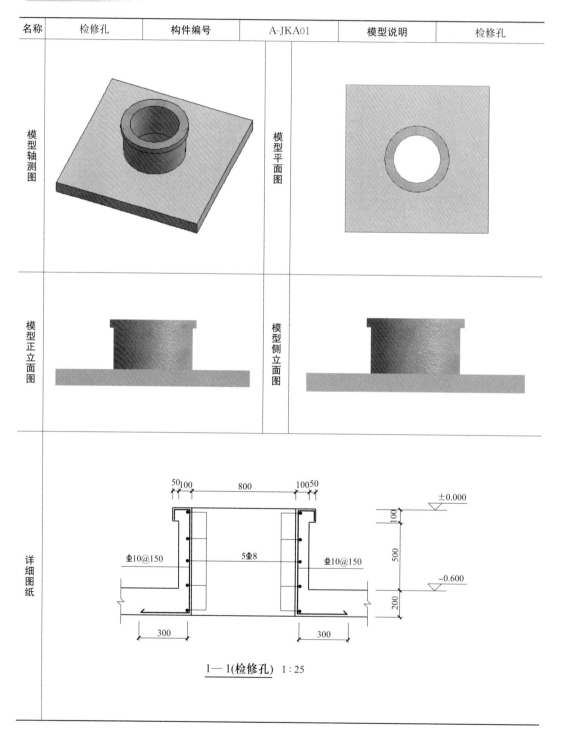

模型轴测图

模型平面图

模型正立面图

模型侧立面图

详细图纸

1—1(检修孔) 1:25

12.3　通气管

A-QKA01 通气管

名称	通气管	构件编号	A-QKA01	模型说明	通气管
模型轴测图			模型平面图		
模型正立面图			模型侧立面图		
详细图纸					

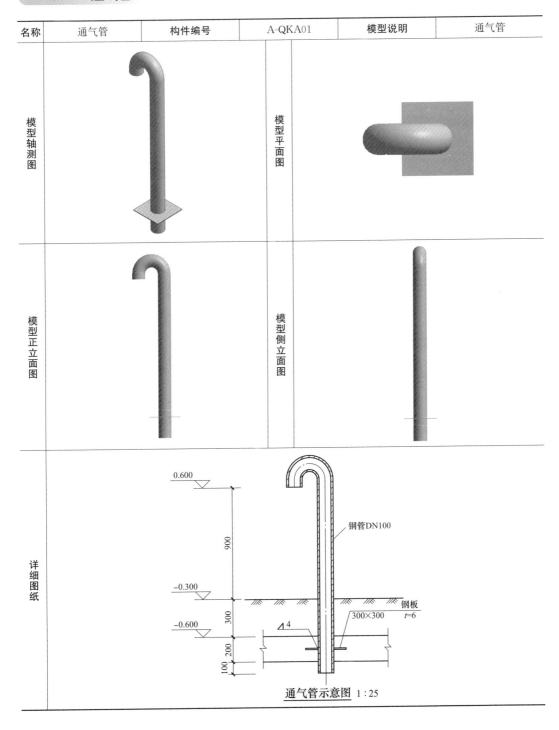

通气管示意图 1:25

钢管DN100

钢板 300×300 t=6

0.600

900

−0.300

300

−0.600

100 200

第13章 事故油池

A-GFA01 检修钢爬梯、人孔盖板

名称	检修钢爬梯、人孔盖板	构件编号	A-GFA01	模型说明	钢附件

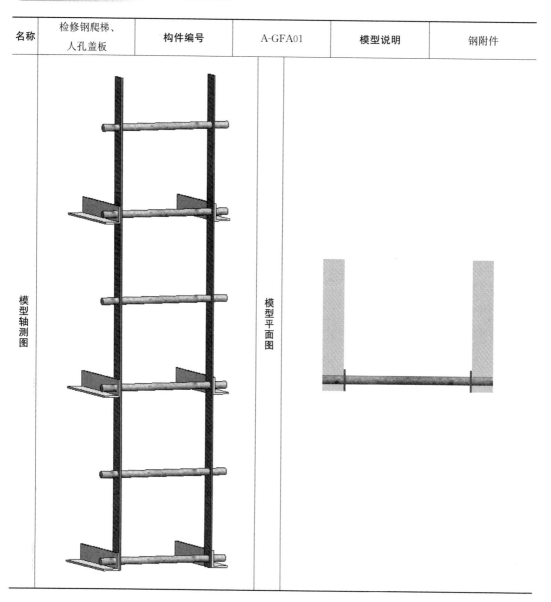

模型轴测图　　　　　　　　　　模型平面图

名称	检修钢爬梯、人孔盖板	构件编号	A-GFA01	模型说明	钢附件

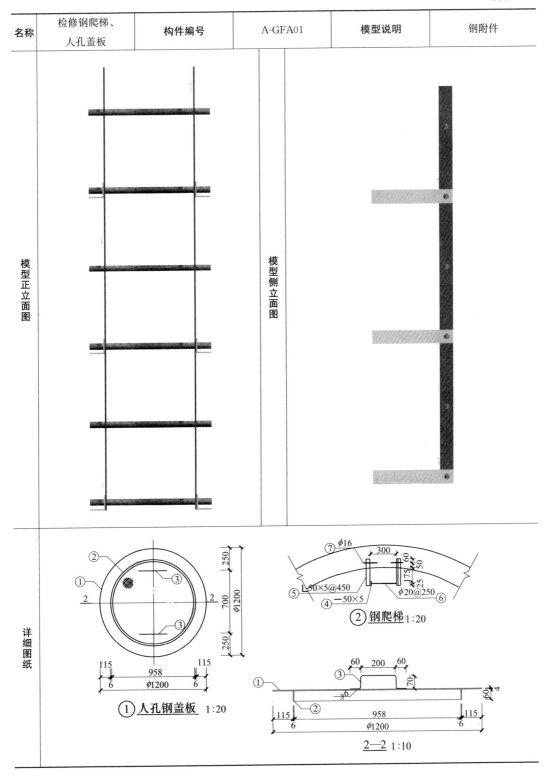

模型正立面图　模型侧立面图

详细图纸

① 人孔钢盖板　1:20

② 钢爬梯　1:20

2—2　1:10

159

第14章　暖通设备

A-FJA01 风机安装

名称	风机安装	构件编号	A-FJA01	模型说明	风机

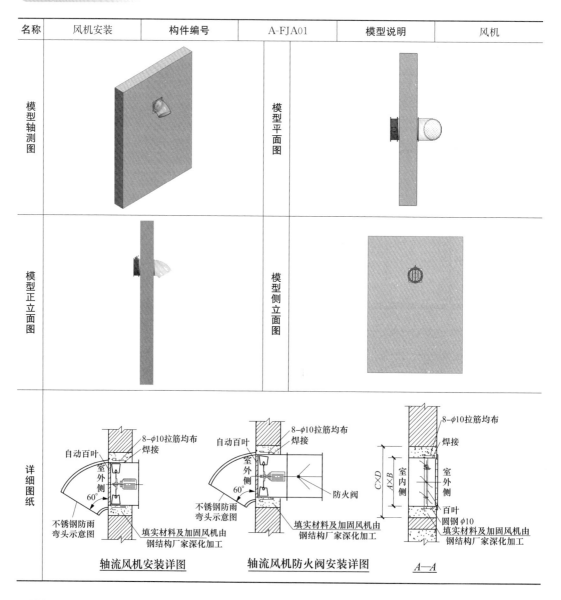

A-FJB01 消防泵房风机

名称	消防泵房风机	构件编号	A-FJB01	模型说明	风机

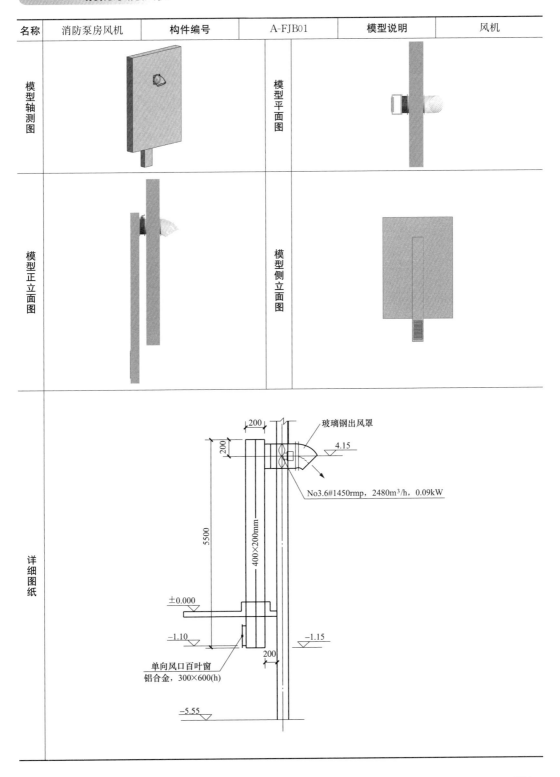

| 模型轴测图 | | 模型平面图 | |
| 模型正立面图 | | 模型侧立面图 | |

详细图纸

200
200
玻璃钢出风罩
4.15
No3.6#1450rmp，2480m³/h，0.09kW
5500
400×200mm
±0.000
−1.10
−1.15
200
单向风口百叶窗
铝合金，300×600(h)
−5.55